"**60**岁开始读"
科普教育丛书

U0169508

生活中的编织新技艺

上海市学习型社会建设与终身教育促进委员会办公室 \ 指导

上海科普教育促进中心 \ 组编

顾嬿婕 编著

復旦大學出版社

上海科学技术出版社

上海教育出版社

上海交通大学出版社

内容提要

　　本书通过 48 个问答，简要地向广大老年朋友们介绍日常生活中的编织技艺。

　　这是一本介绍钩针编织技艺的入门书，书中包含编织文化、准备工作、基本针法、织片练习、应用作品 5 部分。老年朋友们可从了解编织文化和准备工作开始，按照基本针法的详细图解，逐渐熟悉各种钩针针法，看懂编织符号。可以从最基础的织片开始练习，学会编织生活中的实用而常见的作品。

　　本书作者是国内著名编织设计师，从事编织教学多年，积累了丰富的编织教学经验。老年朋友们通过手工编织可以挖掘潜能，增强参与感，丰富生活。老有所学，老有所乐，在生活中找到展示的舞台。

编 委 会

"60岁开始读"科普教育丛书

总序

　　党的二十大报告中指出：推进教育数字化，建设全民终身学习的学习型社会、学习型大国。为全面贯彻落实党的二十大精神与《全民科学素质行动计划纲要实施方案（2021—2035 年）》具体要求，上海市终身教育工作以习近平新时代中国特色社会主义思想为指导、以人民利益为中心、以"构建服务全民终身学习的教育体系"为发展纲要，稳步推进"五位一体"与"四个全面"总体布局。在具体实施过程中，围绕全民教育的公益性、普惠性、便捷性，充分调动社会各类资源参与全民素质教育工作，进一步实现习近平总书记提出的"学有所成、学有所为、学有所乐"指导方针，引导民众在知识的海洋里尽情踏浪追梦，切实增强全民的责任感、荣誉感、幸福感与获得感。

　　随着我国人口老龄化态势的加速，如何进一步提高中老年市民的科学文化素养，尤其是如何通过学习科普知识提升老年朋友的生活质量，把科普教育作为提高城市文明程度、促进人的终身发展的方式已成为广大老年教育工作者和科普教育工作者共同关注的课题。为此，上海市学习型社会建设与终身教育促进委员会办公室持续组织开展了富有特色的老年科普教育活动，并由此产生了上海科普教育促进中心组织编写的"60岁开始读"科普教育丛书。

　　"60岁开始读"科普教育丛书，是一套适宜普通市民，尤其是老年朋友阅读的科普书籍，着眼于提高老年朋友的科学素养与健康文明的生活意识和水平。本辑丛书为第九辑，共5册，分别为《身边的微生物》《博物馆雅趣：漫步缪斯殿堂》《生活中的编织新技艺》《养老知识详解》《新时代，新医保》，内容包括与老年朋友日常生活息息相关的科学资讯、健康指导等。

　　这套丛书通俗易懂、操作性强，能够让广大中老年朋友在最短的时间掌握原理并付诸应用。我们期盼本书不仅能够帮助广大老年读者朋友跟上时代步伐、了解科技生活，更自主、更独立地成为信息时代的"科技达人"，也能够帮助老年朋友树立终身学习观，通过学习拓展生命的广度、厚度与深度，为时代发展与社会进步，更为深入开展全民学习、终身学习，促进学习型社会建设贡献自己的一份力量。

　　手工编织是将线、绳、带通过钩针或棒针编织形成疏密、凹凸等织物质感的一种技艺，是自成一格的手工艺术，常用于整件针织服饰或局部造型。手工编织立体感强，花纹优美，色彩丰富，图案多变，制作简便，可编织出独立花型后拼接在一起，也可以连续织出大幅面组合花型。

　　20世纪初，编织毛衣在上海成了一种时尚。一团绒线，两根竹针，那种舒适娴静是说不出来的。很多专卖毛线的商店都有师傅传授毛衣编织技巧，手编毛衣也成为谋生手段。"打一手好毛活"成为赞扬一位女士心灵手巧的褒奖话。

　　20世纪八九十年代，由于国外编织新技术的引进和国内手工编织书的发行，我国掀起手工编织热潮。几乎每家都会有舒适的绒线衣物或是精美的钩织饰品，手工编织是我们再熟悉不过的手工艺术了。此时手工编织的花样和技术得到前所未有的发展，这一时期可以称作国内手工编织的鼎盛时期。

2009 年，"海派绒线编结技艺"被市政府列入上海市非物质文化遗产名录。海派绒线编结技艺是一项历史悠久、融合东西方文化、具有海派文化特色的非物质文化遗产，是一种在中国民间传统结线艺术中融入西方钩针编结的服饰编结艺术。2022 年 1 月，北京 2022 年冬奥会和冬残奥会颁奖元素正式发布，其中包括采用"海派绒线编结技艺"手工制作的颁奖花束，被称为"永不凋谢的奥运之花"。

手工编织过程是感性的，是触及心灵的。它所展现出的人文气质和美学情怀，在当下越发显得珍贵。在现代社会中，我们可能不愿回到手作时代的自给自足，但仍可以享受手工艺术带给我们心灵上的慰藉。当开启平静淡雅、自由轻松的退休生活时，不妨捡起手工编织这种"慢下来"的艺术，采用手、针与线之间的钩织方法，钩织美丽的作品，装点时尚的生活，传递美好的情感。

本书编写由子衿手编工作室完成，团队成员包括顾嬿婕、邓歆红、黄磊、张群、曹莉、顾敏、杨晔等。摄影由回归线教研组、杨晔完成。教程示范由顾敏、曹莉完成。排版由李小敏完成。编织图纸绘制由邓歆红、顾嬿婕完成。

目录

基本针法

 织片练习

应用作品

生活中的编织新技艺

"60岁开始读"科普教育丛书

一

编织文化

编织是一种古老的手工艺术吗

　　编织是人类历史上最古老的手工艺术之一。编织技艺伴随着人类文明的产生与发展,与人类生活息息相关。

　　编织技艺可追溯到远古时代。在文字出现之前,人类就尝试着用植物的藤编制成绳子,用来捆绑东西,结绳以记事。结绳记事成为人们社会交往过程中记录与传播重大事件的主要方式,"结绳"可谓编织的雏形。

　　在旧石器时代,人类就用树叶或兽皮编结成服饰,遮蔽身体,抵御寒冷。在原始的社会劳作中,人类以植物的韧皮编织成网来盛放石头,辅助捕猎,大大提高了捕猎的效率。随着生产生活的丰富,人类将编织技艺不断发扬光大。编织的原料不止局限于藤本植物,而开始扩展到竹子、柳枝和各种柔韧性较好的草本植物,竹编、柳编、草编等编织品逐渐出现,编织的方法也开始有复杂的交错。从生活用品和生产用具到家具制品和装饰挂件,编织品受到人们的普遍喜爱,成了人们生产生活中不可或缺的一部分。

编织技术的延伸和发展为陶器的发明奠定了基础。在陶器制作过程中，为防止黏土与陶器产生粘合作用，往往将陶器放置在编织物上，就在陶器上留下了几何编织纹样。在西安半坡、庙底沟、三里桥等新石器时代遗址出土的陶器上，印有"十"字纹、"人"字纹，清楚地显示出是由篾席印模上去的，有的还发现陶钵的底部粘附着篾席的残竹片。可以说，编织技术是人类创造几何纹样的开端，这种几何纹样在艺术上也具有特殊的审美意义。编织技术在满足人类物质生活需要的同时，也满足人类精神生活的需要。

编织的历史是一部人类文明与科技的发展史。编织技术汇集了编织、包缠、钉串、盘结等复杂的编织形式，在原料、色彩、工艺等方面形成了天然、朴素、清新、简练的艺术特色。在不同的历史时期，编织技术具有不同的发展，具有不同的特色，被赋予了不同的含义，也生动形象地显示了当时的人民生活与文化发展，编织工艺的实用价值也更多地转向一种文化艺术价值。

编织作为一种古老的手工艺术，在长期的发展中体现了劳动人民的心灵手巧，凝结着劳动人民的智慧和创意。在悠久的历史和丰富的沉淀中，编织这种手工艺术被赋以丰富的文化内涵。

我国手工编织的发展历程是怎样的

我国传统的手工编织工艺是中华民族源远流长的手工文化的重要组成部分。

我国手工编织的起源最初和劳动有关。我国迄今发现年代最早的制衣工具——骨针是在距今35万年的辽宁小孤山遗址中出土的。在距今2.5万年的北京山顶洞人遗址中也发现了骨针，生活于旧石器时代的他们当时已会利用骨、贝等物缝制和装饰衣物。

新石器时代的基本标志是农业与畜牧业的产生和磨制石器、陶器与纺织术的出现，各地先后出土了大量史前文化遗物，包括用于纺织的陶和石纺锤，甚至还发现了纺织品痕迹和实物。例如，距今7000年的河北磁山遗址、浙江余姚河姆渡遗址相继出土了红陶纺轮。距今6700—5600年的半坡遗址出土的陶器底部曾发现过有编织印痕的席纹。距今4750年的吴兴钱山漾遗址中发现了大量的竹篾编制的用具，还有细长的编织丝带，这是迄今发现的最早的斜边织物。

夏商周时期，我国的麻、丝、毛等纺织原料的生产已有较大规模，直接推动当时的纺、织、绣、染、缫工艺的进步。商周时期已有罗、绫、纱、锦、绣等丝织物。新疆哈密五堡出土了一件驼色毛织物，为典型的环编组织之一，可以用棒针织出来。周代以蒲草编织莞席已很普遍。随着手工编织技术的发展，编织工具也有了进一步的改善，手工机器也逐步产生并发展。

战国时期的楚国已设有"百工之官"，专门主管丝织等手工艺术产品的生产。湖北江陵马山楚墓出土过竹席和丝织品，其中的真丝针织为战国中晚期的手工编织针织物品，属于单面双色提花丝针织物。这是现在钩针编织的雏形，也是世界上有历史记载的最早的记录。由此推断

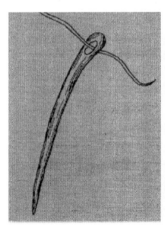 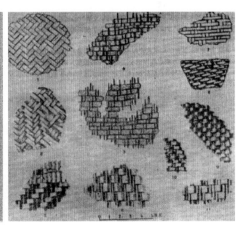

北京山顶洞人用过的骨针　半坡出土的席纹

我国手工编织技术历史悠久，技艺高超。

秦汉时期，我国纺织技术达到很高的水平。汉代我国有了毛织品并出现了栽绒地毯技术。1959年在新疆民丰发掘的东汉墓穴中出土了一块栽绒地毯的残片，证明了中国的栽绒技术已有1800多年的历史。

唐代草席生产已很普遍，福建、广东的藤编、河北沧州的柳编等都是著名的手工艺品。现珍藏于甘肃博物馆的一块唐代壁毯，人物造型细腻逼真，制造工艺十分讲究。

宋代绳结编织技艺发展到了更高的水平。多彩织锦技术发展至百余种，产生了在缎纹底上织纬花的织锦缎、宋锦和织金锦等丝织物。棉织品得到迅速发展，已取代麻织品而成为大众衣料，松江棉布被誉为"衣被天下"。

元代的织金锦最负盛名。1970年新疆盐湖出土的织金锦富丽堂皇。山东邹县元墓则第一次出土了五枚正则缎纹。

明清时期，编织技艺得到进一步发展，编织饰品几乎涵盖了生活的各个方面。纺织品以江南三织造生产的贡品技艺最高，其中各种花纹图案的妆花纱、妆花罗、妆花锦、妆花缎等富有特色。富于民族传统特色的蜀锦、宋锦、织金锦和妆花锦合称为"四大名锦"。精湛华贵的丝织品通过陆上和海上丝绸之路远销亚欧各国。

中国结有何文化象征意义

中国结是一种手工编织工艺品，它身上所显示的情致与智慧正是汉族古老文明中的一个侧面。它是由旧石器时代的缝衣打结推展至汉朝的仪礼记事，再演变成今日的装饰手艺。周朝人随身佩戴的玉常以中国结为装饰，而战国时代的铜器上也有中国结的图案，延续至清朝中国结才真正成为盛传于民间的艺术。

中国结在当代多用来作为室内装饰物、亲友间的馈赠礼物及个人的随身饰物。因其外观对称精致，可以代表汉族悠久的历史，符合中国传统的装饰习俗和中国人的审美观念，故命名为中国结。中国结中有十字结、纽扣结、藻井结、万字结、双钱结、吉祥结、琵琶结、盘长结、雀头结、凤尾结、团锦结、锁结等多种结式。

中国结代表着团结幸福平安，特别是在民间，它精致的做工深受大众的喜爱。中国结艺是中国特有的民间手工编结艺术，它以其独特的东方神韵、丰富多彩的变化，充分体现了中国人民的智慧和深厚的文化底蕴。

十字结　　纽扣结　　藻井结

万字结　　双钱结　　吉祥结

琵琶结　　盘长结　　雀头结

凤尾结　　团锦结　　锁　结

在北京申办奥运会的过程中，中国结作为中国传统文化的象征，深受各国朋友的喜爱。2022 年的北京冬奥会，如果说开幕式的中心位是雪花，那么 AR "中国结"就是闭幕式的中心位担当和记忆点。

在巨大的"雪花"下方，一组在冰面上玩耍的小朋友提着雪花灯笼出场了。就在孩子们如同点点星光点缀了"鸟巢"的同时，12 辆以十二生肖为原型的冰车现身场地中央，并迅速用各自的行驶轨迹在现场"冰面"上画出了多条曲线。

此时"鸟巢"的"冰面"上一个硕大的中国结已经显出雏形。"鸟巢"上空，数条鲜红的丝带从夜空中飘来，一个由数字 AR 技术生成的"中国结"，以超高的精细度形成仿真的视觉效果，就像一个巨大的实体装置挂在鸟巢上空。

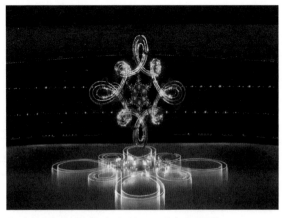

北京冬奥会闭幕式上的 AR "中国结"

这个场面可以说惊艳了全世界！

"这既表达了中国与世界的连接，也寄托着全世界在一起、'更团结'的奥林匹克精神。友谊长存，一起向未来！"央视解说沙桐的解读，进一步让观众为导演团队的巧思点赞。

"中国结的形象蕴含了很多美好的祝福，也寓意着联结。"北京冬奥会闭幕式导演沙晓岚表示，希望通过闭幕式上中国结的形象为全世界人民带来平安和吉祥的祝福，也希望用中国结把大家连在一起，体现人类命运共同体的理念。

中国结象征吉祥团结，每一根丝带都可以独立成结，而许多根不同的丝带也可以共同编织。如同人类命运共同体的构建，和谐合作的国际大家庭需要所有人共同建设。

冰面上的"中国结"

上海近代编织工艺发展如何

我国的手工编结十分发达，在世界上有"手工编织工艺品的王国"之誉。"当代中国工艺美术丛书"中写道："我国绒线编结以上海为最著名。"

1842年，英国商人在上海开设了"博德荣绒线厂"，其生产的"蜜蜂牌"绒线风靡一时，该厂把绒线与编结书籍及工具一起销售。那时上海地区会制作一些荷包袋、棉线钩织手套，在针法上运用了我国传统的刺绣、挑绣等手法。随着绒线编织品获得青睐，民间经营的绒线店也应运而生。19世纪末，外滩附近的兴圣街上经营绒线的商店发展到近20家，这条街可以说是上海绒线业的发祥地。

起初，手工编织是将骨筷、发夹等磨成钩针，用于编结帽子、荷包袋、发网等，制成品不仅自己使用，有时还会进行销售。清光绪十二年（1886年），法国传教士设传习所，教授徐家汇、漕河泾等地民女编结码带花边，饰于台布、窗帘、服装，行销欧美，并多次获奖。

20世纪20年代开始，上海一些教会女子学校曾开设手工编结班，传授绒线编结技术。20 年代后，随着中国毛纺工业兴起，国产绒线应市。为了推销产品，扩大宣传，并使更多的妇女掌握绒线编结技术，大新、新新等大公司聘请冯秋萍、黄培英等编结名家在绒线销售会上作示范表演，并在中西、市音商业广播电台开设绒线编结节目。

1927 年，黄培英在南市尚文路开办培英编结传习所；1933 年，编写《培英丝毛线编结法》一书，发行量达 33 万册。1934—1946 年，冯秋萍主办编结学校，先后办了 37 个班，学员有 1000 多人，还出版了《秋萍绒线编结法》《秋萍毛线刺绣编结法》等 26 本小册子。冯秋萍和黄培英均于 1956 年进入上海市工艺美术研究室从事绒线编结的技术研究和指导。

钩针编结在上海闵行地区流传较早，影响着当地民风民俗，具有独特的民俗文化价值。用钩针编结的花边是大宗出口的工艺品，也有一部分按照国内市场的需要，用棉、麻、丝线等编结各种日用饰物（荷包袋、发网、线袋等）。绒线问世之后，又增加了钩针编结绒线服饰，有钩针毛衣和钩针绒线帽等。

钩针编织既是中西方文化的结合，又是上海民智的结晶。在 100 多年的传承中，作品花形日趋丰富，花色不断翻新，既实用又有欣赏价值，在国际市场上享有盛誉。

手工编织如何分类

手工编织作品是由编织者经过反复构思、设计、施工，凭借智慧与耐力完成的工艺美术品。随着时代的发展和技术的进步，人们对编织作品提出了更高的要求，不但要美观大方、经济实用，而且要求款式独特、经久耐用。

手工编织这一概念从字面上理解，包括手工的"编"和"织"两大部分。

从"编"的角度来讲，手工编织是以手编为主、以其他工具为辅的手工编结，如中国结编织、手工家居编结和手工提袋编结等。主要以编织线缠绕打结成形，一般不用于服装，多作为装饰品，如壁挂、饰结等。

从"织"的角度来讲，手工编织主要包括以针、线为主的手工毛线编织和手工刺绣等。手工毛线编织又包括棒针编织和钩针编织两部分。

棒针编织需要使用2根或4根棒针，使编织线在棒针上穿套成形。使用棒针可以编织较大而且厚重的织物。棒针编织的基本针法有平针、罗文针、双反针3种。棒针编织物比较致密厚实。

钩针编织则利用钩针使编织线形成线圈钩连而成。使用钩针可以编织细腻精美的织物。钩针编织基本的针法有短针、中长针、长针3种。钩针编织物相对稀松，装饰性更强。

刺绣是指人们用丝、绒、棉等各种彩色线，借助一根小细钢针的上下往回，在绸缎、布帛和现代化纤织物等材料上面构成各种优美图像、花纹或文字的工艺。

手工棒针编织近年来渐有被机器编织物取代的趋势，然而大工业式的产品终究难以替代手工蕴含的个性设计和温馨情趣。

机器编织是在手工编织的基础上发展起来的，其成品结构与手工棒针编织物基本相同。机器编织节约了劳动力成本，外观整齐均匀，然而编织物成品手感略为生硬且缺乏个性风格，终究不能和手工编织物柔软、自然、独特的韵味相媲美。

限于篇幅，书中以钩针编织的基本针法和作品应用为主要内容。

手工钩编作品有哪些特点

钩针编织工艺通常称为"钩编"。手工钩编是以钩针将线构成线圈结构的编织工艺，将一条线织成一片织物，将织物组合成衣着或家饰等。手工钩编作品具有露、弹、密、柔、活的艺术风格，组织结构可塑性强，款式与花样可随意设置。目前任何机械产品也无法取代这种特色的艺术性手工制品。

"露"是指其组织结构适合表现镂空的艺术效果。镂空部分与钩编部分互相衬托，造型多变，呈现出独特的肌理效果。"弹"是指对于较稀疏的针法，其具有很好的弹性和通透性，十分舒适。"密"是指对于相应的钩编针法，可以使其具有致密紧实的风格，与其他针法结合形成疏密相间的效果。"柔"是指它的柔软特征，可以说它是软性纤维材料织品中最具有柔软特性的产品，穿着舒适自然。"活"是指它组织结构的灵活性，一根小小的钩针和一条线可以钩织出多样的变化，实现任意的装饰效果。

我国手工钩针编织现状如何

　　随着社会经济文化的发展，国内手工钩针编织工艺逐渐形成两种存在模式：一种是行业生产模式，另一种是出于对手工编织爱好的自发模式。

　　手工钩编行业生产主要分为两种：第一种是工厂式密集生产。一些钩编工厂培养了大批手工钩编劳动力，创造了可观的收益。目前手工钩编仍属于劳动密集型行业，主要进行外贸出口。第二种是家庭式的分散钩编生产。一些家庭妇女熟练掌握了钩编技术，她们可利用闲暇时间在家从事钩编生产，成为国内农村家庭生产模式的优秀范例。

　　对手工编织爱好的自发模式主要存在于城市中。随着经济建设的飞速发展和人们生活水平的提高，手工劳动让很多人产生对手工钩针编织的喜爱。手工编织爱好者定期举办各色沙龙活动，积极引进国外先进的手工编织技术和信息，其中不乏有编织专家涌现。形形色色的钩编手工书层出不穷，钩编作品涉及服装、饰品、家居、玩具等多个领域，创作风格多种多样，生动有趣。

编织为何会被写入学生劳技课

编织是中华民族流行千载的手工编织艺术，编织品在长期的积累和演变中已经成为一种用于传递文化、寄托感情，服务人们生活、点缀人们生活环境的实用性很强的工艺物品。它因造型独特、色彩绚丽、寓意深刻、内涵丰富而深受人们喜爱。

中小学生好玩爱动，特别喜欢动手实践，手工编织正好利用这一特点满足学生的需求。通过对编织的指导与练习，让他们经历设计、制作作品的过程，体验动手实践的成就感，领略手工编织独特的文化内涵，培养他们的创造性思维能力和艺术欣赏能力。

编织课程引领学生进一步了解中国编织的历史，感受中国传统文化的魅力，激发学生对传统文化艺术的热爱之情。编织课程研究各种纺织品的制作方法，使学生掌握生活必备的技术知识与技能，丰富劳动体验，提高动手能力，初步形成科学的精神、态度及技术创新的意识，具有初步的技术探究能力。

生活中的编织新技艺

"60 岁开始读"科普教育丛书

二

准备工作

钩针编织需要用到哪些工具

常用的钩织工具有钩针、缝针、记号扣、剪刀、量尺等。

钩针是头有钩的工具，通过钩挂线引拔钩织。

钩针粗细是根据针轴的直径来区分的，分别适合不同粗细的线。以基准0号开始，标注为2/0号（2.0 mm）、3/0号（2.3 mm）至10/0号（6.0 mm），数字越大表示针头越粗。10/0号以上的大型钩针以毫米（mm）为单位来表示。比2/0号细的钩针是蕾丝针。

钩针的材质有金属、塑料、竹子等。

编织工具

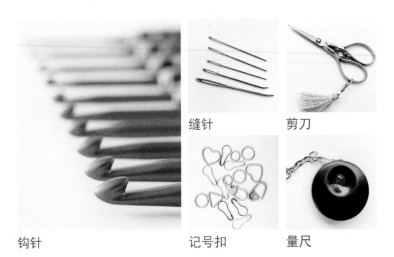

缝针　　　剪刀

钩针　　　记号扣　　量尺

钩针粗细示例（实物大小）

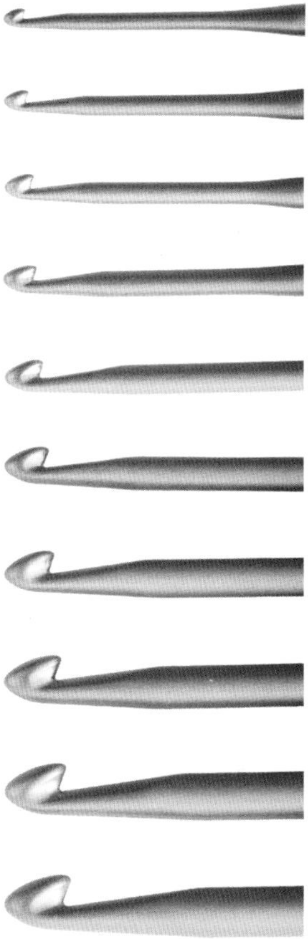

2/0 号（2.0 mm）

3/0 号（2.3 mm）

4/0 号（2.5 mm）

5/0 号（3.0 mm）

6/0 号（3.5 mm）

7/0 号（4.0 mm）

7.5/0 号（4.5 mm）

8/0 号（5.0 mm）

9/0 号（5.5 mm）

10/0 号（6.0 mm）

什么样的线材适合钩针编织

钩织用的线有毛线、棉线、麻线等各种材质。

按照线的形状来分，有马海毛、圈圈纱、带子线、拉毛纱、羽毛纱、灌芯线等各种类型。

线的粗细又分为极细、细、中细、粗、中粗、极粗、超粗等种类。

推荐初学者选择可用 5/0 号，6/0 号钩针编织的平直的中粗毛线。

线材示例

线的形状

马海毛

圈圈纱

带子线

拉毛纱

羽毛纱

灌芯线

线的粗细（平直毛线）

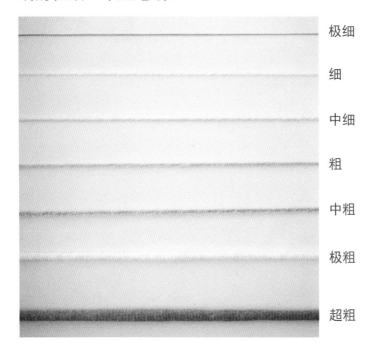

极细

细

中细

粗

中粗

极粗

超粗

正确的持针和带线方式是怎样的

带线的方法

拇指和食指捏在离线头 6 cm 左右处，将线夹在左手的小指和无名指之间。

连着毛线球一端的线，从外往里绕过小指一圈。

将线头挂在左手食指上，再用拇指和中指捏住。食指往上翘，张开线，钩织时线会跟着钩的动作自行运线。

持针的方法

用右手的拇指和食指轻握住钩针手柄，中指搭在钩针针头上。钩织时，
中指需随着钩织的针目自然移动，这样能使钩出来的针目更匀称。
食指放在让自己舒适的位置上即可。
钩织时，钩针头朝向自己脸的方向。

钩织时的手势

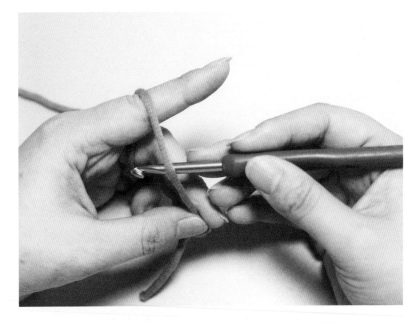

左手带线，右手持针。

钩织时，右手的中指跟着钩针上的线顺势移动。

左手 4 个手指，右手 3 个手指会一起参与工作。

提示　新手一开始会不太适应，觉得不听使唤，
多练习就好，不用担心哦。

生活中的编织新技艺

"60岁开始读"科普教育丛书

基本针法

什么是锁针

锁针是钩针编织中最基本的针法，也是其他针法的起针（基础针）部分。针目连在一起像一条锁链，所以叫锁针，俗称辫子针。

锁针的编织符号： ⬭

锁针的钩织方法

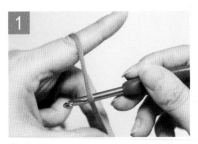

线头留 6 cm 左右，将钩针放在线后面。

将钩针头带着线逆时针绕一圈，将钩针绕到线的前面。

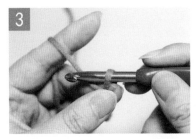

用左手拇指和中指捏住线圈交叉处。

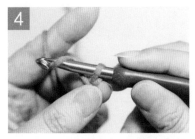

钩针头从后往前将线绕在钩针上。

将线从挂在针上的线圈中轻轻拉出（图为拉出线后的样子）。

将线头拉紧，这是起针的一端，端头这一针，不计入针数。将线放在钩针后面。

钩针绕线。

拉出针目，完成1针锁针。

继续步骤7~8，重复钩织锁针。

提示 每钩4~5针，就要移动左手捏住的位置，这样会让锁针链条更平整。

开始钩织的另一种方法——打个活结

用左手拇指、食指、中指捏住线头，右手食指放到线的右侧。

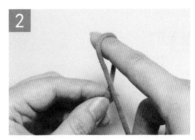

往左转动右手食指，与左手的线形成一个交叉的线圈。

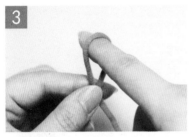

用左手拇指、食指捏住这个交叉。

用右手食指勾住线圈，从线圈的环里掏出连着毛线球的线。

拉左手的线头收紧，形成一个线圈，调整到合适大小，就完成"活结"，即端头这一针。

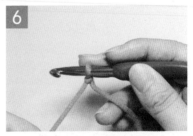

把钩针插入这个线圈，按"锁针的钩织方法"步骤3~9钩织锁针。

锁针起针

　　起针是钩针编织的基底。常规的钩针编织都是在锁针起针的基础上开始编织的。

　　按需要钩足锁针针目，形成一条锁针链，这就是锁针链的样子。

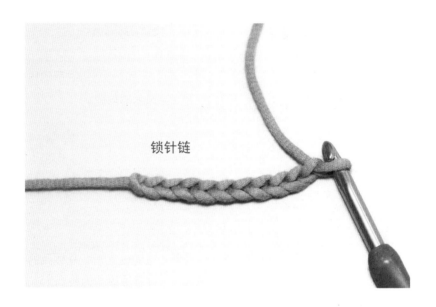

锁针链

　　提示　通常我们钩织锁针针目会比较紧，所以建议大家起针时换粗2个针号，这样钩出来的锁针边与上面的针目松紧会比较一致，不会出现下边缩紧、上边松散的情况。但每个人的手势松紧不一样，等熟练以后，可以按照自己的手势松紧调整，使用合适的针号起针。

（作者在十余年的编织教学中，遇到过换粗一个针号、原针号或换粗5个针号及换细5个针号的情形，所以换粗2个针号是个参考依据，具体以锁针起边与上面的花样编织同样宽度为准。）

换粗 2 个针号与不换针号的短针织片

用同针号起针的短针织片　　　　用大 2 个针号起针的短针织片

换粗 2 个针号与不换针号的长针织片

用同针号起针的长针织片　　　　用大 2 个针号起针的长针织片

通过比较，我们可以看出同针号的底边缩在一起，大 2 个针号的织片大小正好合适。

提示　不同花型起针针号的参考：

短针、长针：换粗 2 个针号；网眼编：原针号或换粗 1 个针号；

方眼编：换粗 1~2 个针号；其他镂空花样：换粗 1~2 个针号。

锁针各部分的名称

锁针正面

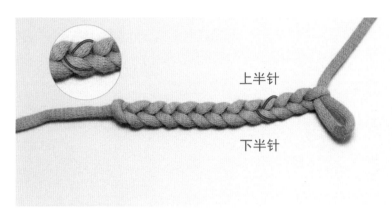

上半针

下半针

1 个锁链是 1 个针目。
锁链的 1 侧叫半个针目，分别是上半针和下半针。

锁针背面

里山

背面中间鼓起的这条线像脊梁一样，称作"里山"。

锁针针目的计数

这是我们起 10 针锁针的链条：

（1）端头收紧的这 1 针不计入针目。

（2）端尾的针圈不计入针目。

（3）每一个锁链算 1 个针目。

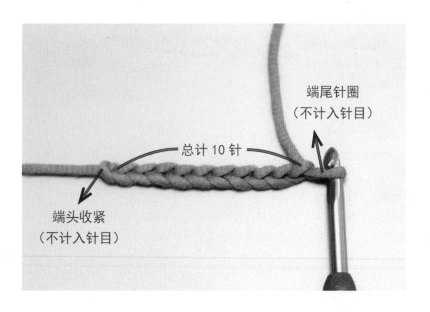

端尾针圈
（不计入针目）

总计 10 针

端头收紧
（不计入针目）

锁针起针的挑针方法

锁针起针后的挑针方法有 3 种。

挑里山

挑针时将锁针侧翻至背面，中间有脊梁（里山）这一面，挑针时看得更清楚。

挑里山难度会比后两种略难，但挑起来底边更美观，更适合底边不再修饰的场合。

挑半针 + 里山

通常是挑上半针 + 里山，这种方法比较容易挑针，也比较稳定，适合大部分场合。缺点是挑两条线，会显得略厚，如果底边不加修饰边，略显单薄。

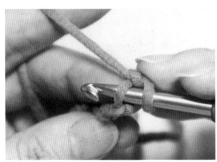

挑半针

通常是挑上半针，这种方法虽然容易挑针，但挑起后针目容易拉伸，针目会变得大大小小，不够美观。

什么是短针

短针也是钩针编织中的基本针法，一般应用于针目紧密、结实的织片。

短针的编织符号：**十（Ｘ）**

短针的钩织方法

以起针 10 针为例，起针行钩一条 10 针锁针的链条，在第 10 针的针目上挂一个记号扣（起针行不计入行数）。

短针第 1 行

钩 1 针锁针（作为短针的起立针，这 1 针不计入针目）。

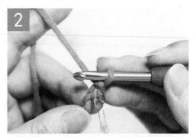

将钩好的锁针链翻转到里山这一侧。

钩针从挂着记号扣针目的里山入针（此时钩针在前，线在后）。

钩针挂线。

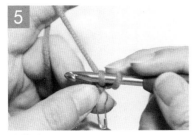

把线圈拉出。

钩针再次挂线。

针头从钩针上的 2 个线圈中穿过，拉出新的线圈，完成这个短针针目。

钩针再次从下一个里山入针，重复步骤 4~7，直至完成这一行 10 针短针的钩织。

短针第 2 行

逆时针翻转织片，此时线在前，钩针在后。

钩织 1 针锁针起立针。

右手中指按住钩针上的针圈，把钩针轻轻往右侧拉，这样就很容易找到前一行的第 1 个针目（通常很容易漏掉这个针目）。

将钩针插入前一行右端短针头部的 2 根线（从上方看下去是锁针）。

钩针挂线。

把线圈拉出。

钩针再次挂线。

针头从钩针上的 2 个线圈中穿过,拉出新的线圈,完成这个短针针目。

重复步骤 4~8,完成第 2 行。重复第 2 行的方法,直至完成所有需要的行。

提示 在钩织短针行时,每一行左端最后一针的入针位置仍然是前一行的头部 2 根线,而不是起立针的针目。

什么是长针

长针是钩针编织中最重要的针法之一，钩针中的很多针法都是由长针变化而来的。

长针的编织符号: ┬

长针的钩织方法

以起针 10 针为例，起针行钩一条 10 针锁针的链条，在第 9 针的针目上挂一个记号扣（起针行不计入行数）。

长针第 1 行

钩 3 针锁针，这 3 针锁针计为 1 针长针。

将起针行锁针链翻转到里山这一侧，长针是从起针行右端的第 2 针（即挂着记号扣的那针）开始挑针的。

钩针挂线。

针头插入里山中（挂着记号扣的
那个针目的里山）。

钩针挂线，拉出线圈到 2 个锁针
的高度。

钩针继续挂线。

针头从钩针上的前 2 个线圈中拉
出，现在钩针上还有 2 个线圈。

继续挂线。

针头从钩针上的这 2 个线圈中拉出，完成这针长针。

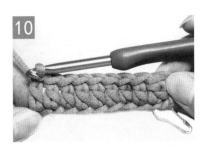

重复步骤 3~9，完成这一行的长针编织。

长针第 2 行

逆时针翻转织片，此时，线在针的前面。

钩织 3 针锁针作为这一行的第 1 针。

钩针挂线，针头插入前一行右端第 2 针长针头部的 2 根线（从上方看下去是锁针）。

钩针挂线，拉出线圈到 2 个锁针的高度。

钩针继续挂线。

针头从钩针上的前 2 个线圈中拉出，现在钩针上还有 2 个线圈。

继续挂线，针头从钩针上的这 2 个线圈中拉出，完成这针长针。

第 9 针入针位置
第 10 针入针位置

重复步骤 3~7，完成第 2 行第 9 个针目的编织。

在钩织第 2 行最后一个针目时，钩针挑取前一行起立针（锁针）的第 3 个针目的外侧半针和里山钩织最后 1 针长针。

重复步骤 3~9，完成第 2 行的长针编织。重复第 2 行的方法，完成所需的行数。

织片对照

短针织片

正确织片

错误加针

错误减针

长针织片

正确织片

错误加针

错误减针

什么是引拔针

引拔针是辅助性的针法，通常用于连接针目。

引拔针的编织符号： ●

编织整行的引拔针

以 10 针短针的织片为例。

钩针穿过前一行针目头部的 2 根线。

钩针挂线。

引拔钩出。重复步骤 1~2，完成其余针目。

引拔行完成后的效果。

锁针环形起针（首尾引拔连接）

钩织需要的锁针针目（以10针为例），注意第1针不要拉紧，以免形成一个小疙瘩，影响美观。

将钩针从锁针正面插入第1针锁针的外侧半针和里山，钩针挂线。

将线圈引拔出来，挂钩针的线圈看作第1圈的立针（以短针为例）。

拉紧第1针锁针的线头。

把线头沿着里山藏好。

开始钩织短针。

手指绕线成环起针（首尾引拔连接）

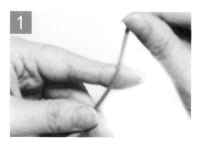

左手拇指和中指捏住毛线头，右手捏住毛线，在左手食指上绕线。

左手食指上绕 2 圈线。

左手捏住绕好的线圈。

右手将钩针插入线环，钩出 1 个针圈。

第 1 针

左手用钩针带线方法挂上线。

开始钩织（以长针圆环为例，先钩织 3 针锁针）。

钩织 1 针长针。

共完成 12 针长针。

收紧中心的环形。

将钩针插入起始 3 个锁针中第 3 个锁针的外侧半针和里山。

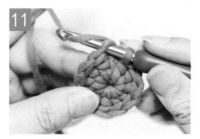

钩针挂线。

引拔成环。

什么是中长针

中长针是编织高度介于短针和长针的一种针法。

中长针的编织符号：T

中长针的编织方法

以起针 10 针为例，起针行钩一条 10 针锁针的链条，在第 9 针的针目上挂一个记号扣（起针行不计入行数）。

中长针第 1 行

钩 2 针锁针，这 2 针锁针计为 1 针中长针。

将起针行锁针链翻转到里山这一侧，中长针是从起针行右端的第 2 针（即挂着记号扣的那针）开始挑针的。

钩针挂线，针头插入里山中（挂着记号扣的那个针目的里山）。

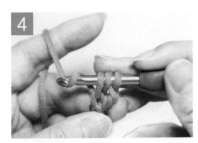

钩针挂线，拉出线圈到2针锁针的高度，右手中指按住最前面一个线圈。钩针继续挂线。

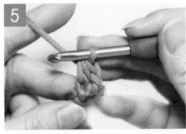

将钩针头从3个线圈中拉出，完成这个中长针。

重复步骤3~5，完成这一行的中长针编织。

中长针第2行

逆时针翻转织片，此时线在针的前面。

钩织2针锁针作为这一行的起立针（即第1针）。

钩针挂线，针头插入前一行右端第2针中长针头部的2根线（从上方看下去是锁针）。

钩针挂线，拉出线圈到2个锁针的高度。钩针继续挂线。

针头从钩针上的3个线圈中拉出，完成这针中长针。

重复步骤3~5，完成第2行的中长针编织。重复第2行的方法，直至完成需要的行。

什么是短针的棱针

短针的棱针也叫短针的条纹针，包括亩编和筋编两种形式。

短针的棱针的编织符号：**⊥**（**⊠**）

亩编的钩织方法

以起针 10 针为例，起针行钩一条 10 针锁针的链条。

亩编第 1 行

第 1 行钩短针（方法同"短针的钩织方法"）。

宙编第 2 行

逆时针翻转织片，此时线在前，钩针在后。

钩织 1 针锁针起立针。

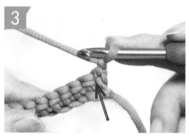

右手中指按住钩针上的针目，把钩针轻轻往右侧拉，这样就很容易找到前一行的第 1 个针目。

将钩针插入前一行右端短针头部外侧的一根线。

钩针挂线。

把线圈拉出。

钩针再次挂线。

针头从钩针上的 2 个线圈中穿过，拉出新的线圈，完成这个短针的棱针。

重复步骤 4~8，完成第 2 行。

重复第 2 行的方法，完成所有需要的行。

筋编的钩织方法

筋编第 1 行

筋编第 1 行同短针第 1 行。

筋编第 2 行（反面行）

逆时针翻转织片，此时线在前，钩针在后。

钩织 1 针锁针起立针。

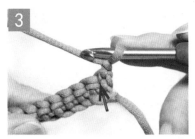

右手中指按住钩针上针圈，把钩针轻轻往右侧拉，这样就很容易找到前一行的第 1 个针目。

将钩针插入前一行右端短针头部内侧的一根线，钩针挂线。

把线圈拉出。

钩针再次挂线。

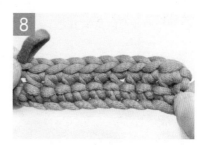

针头从钩针上的 2 个线圈中穿过，拉出新的线圈，完成这个短针的棱针。

重复步骤 4~7，完成第 2 行。

筋编第 3 行（正面行）

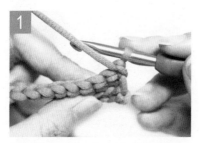

逆时针翻转织片，此时线在前，钩针在后。

钩织 1 针锁针起立针。

右手中指按住钩针上针目，把钩针轻轻往右侧拉。

将钩针插入前一行右端短针头部外侧的一根线。

钩针挂线。

把线圈拉出。

钩针再次挂线。

针头从钩针上的 2 个线圈中穿过，拉出新的线圈，完成这个短针的棱针。

重复步骤 4~8，完成第 3 行。

重复第 2、3 行的方法，完成所有需要的行。

什么是枣形针

枣形针是由长针变化而来的一种针法。

3 针长针的枣形针的编织符号：

枣形针的钩织方法

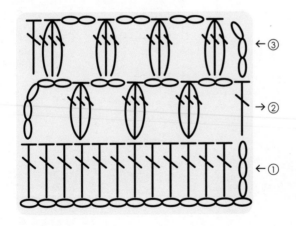

枣形针第 1 行

锁针起 13 针，第 1 行钩长针。

枣形针第 2 行（割挑）

钩 5 针锁针，钩针挂线。

插入前一行第 4 针针目的头部的 2 根线（割挑）。

钩出 1 个未完成的长针。

在同一个位置继续钩出 2 个未完成的长针。

钩针挂线，从钩针上的 4 个线圈中引拔出来，完成这针割挑的枣形针。

继续钩 2 针锁针，重复步骤 2~5，按图示完成这一行的编织。

枣形针第3行（束挑）

钩针挂线。

插入前一行锁针下面束挑（整段挑起）。

钩出1个未完成的长针。

在同一个位置继续钩出2个未完成的长针。

钩针挂线，从钩针上的4个线圈中引拔出来，完成这针束挑的枣形针。

重复步骤2~5的动作，继续完成这一行的束挑枣形针。

什么是爆米花针

爆米花针也是一种由长针变化而来的针法，有正面行和反面行之分。

爆米花针的编织符号：（割挑）（束挑）

爆米花针的钩织方法

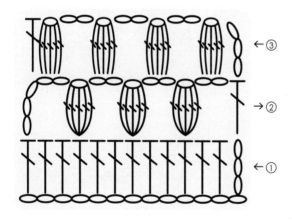

$\leftarrow$③

$\rightarrow$②

$\leftarrow$①

爆米花针第 1 行

锁针起针 13 针，第 1 行钩 1 行长针。

爆米花针第 2 行（割挑，正面）

钩 5 针锁针，钩针挂线。

插入前一行第 4 个针目头部的
2 根线，完成 1 针长针。

继续钩织 4 针长针。

拉长钩针上的针圈，拿下钩针。

钩针从第 1 个长针的正面插入，
穿过拉长的线圈。

把线圈从第 1 针的针目中往前
拉出。

钩织1针锁针，完成这针爆米花针。

继续钩2针锁针，重复步骤2~7，按图示完成正面行编织的爆米花针。

爆米花针第3行（束挑，背面）

钩5针锁针，钩针挂线，插入前一行锁针下面（整段挑起）。

完成1针长针。

继续钩织4针长针。

拉长钩针上的线圈，拿下钩针。

钩针从第 1 个长针的背面插入。

穿过拉长的线圈。

把线圈从第 1 针的针目中往后拉出。

钩织 1 针锁针，完成这针背面行的爆米花针。

这是完成爆米花针钩织后织片正面的图案。

提示　爆米花针是一种比枣形针更有立体感的针法，钩织时不要搞混这 2 种针法哦。

编织结束时线头如何处理

线头打结的方法

钩织完最后一针时，将挂在钩针
上的线圈拉大。

线头留 5 cm 左右，剪断线头。

将线头穿过线圈。

拉紧线头，收紧线圈。

用钩针藏线头的方法

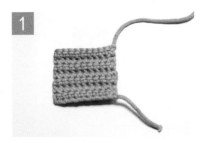

将织物翻到背面。

用钩针穿过背面鼓起的线。

手按住钩针上的线圈，钩针挂
上线。

将线头从钩针上的线圈中拉出。

重复步骤2~4，把线头藏进织片。

拉平织片，剪去多余线头。其余
线头均按此方法操作。

用缝针藏线头的方法

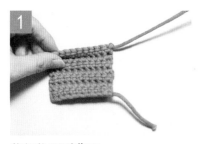

将织物翻到背面。

将毛线缝针穿过背面鼓起的线。

毛线缝针穿上线。

将毛线缝针从线圈中拉出。

把织片拉平整。

剪去多余线头。

什么是卷针缝

卷针缝的方法

1

织片 2

织片 1

将两块织片正面上、下平铺。

2

织片 2

织片 1

毛线缝针从织片 1 的下方往上，
邻近织片 2 的半针中穿过。

继续穿过织片 2 的相近织片 1 的
半针，往上方穿出。

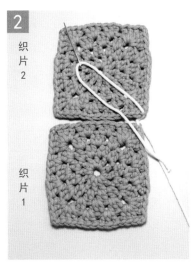

把线拉出。

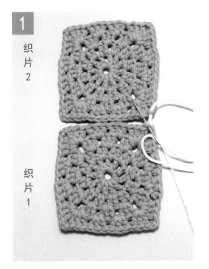

重复步骤 2~4 的动作，直至完
成整个织片的缝合。

这是完成卷针缝的织片。

如何看懂编织符号

认识最基本的钩针针法符号

编织符号是将针目简化后的符号。它展示了入针位置、钩织顺序等内容。看懂编织符号后，只需要按照符号钩织就可以了。

锁针

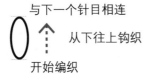

与下一个针目相连

从下往上钩织

开始编织

短针

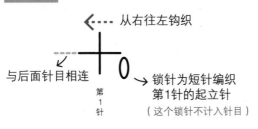

从右往左钩织

与后面针目相连

第1针

锁针为短针编织
第1针的起立针

（这个锁针不计入针目）

长针

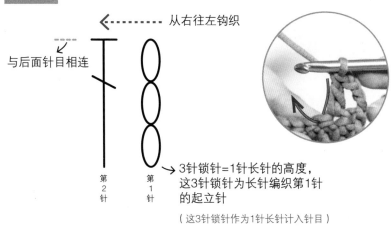

← ---- 从右往左钩织

与后面针目相连

第2针　第1针

→ 3针锁针=1针长针的高度，
这3针锁针为长针编织第1针
的起立针

（这3针锁针作为1针长针计入针目）

钩针针目的高度

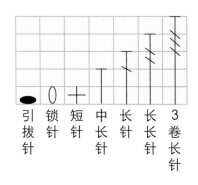

引拔针　锁针　短针　中长针　长针　长长针　3卷长针

生活中的编织新技艺

"60 岁开始读" 科普教育丛书

织片练习

如何钩织短针织片

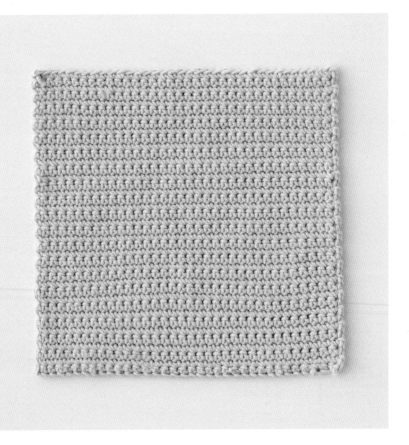

短针织片

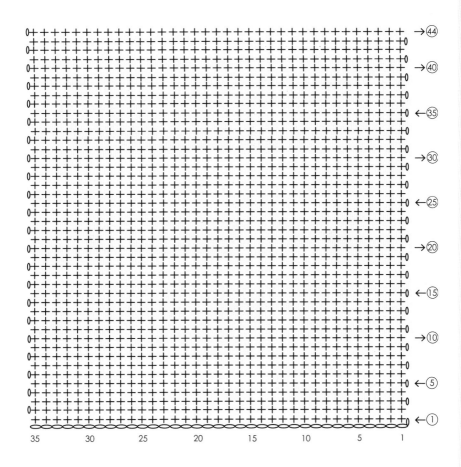

如何钩织方眼编

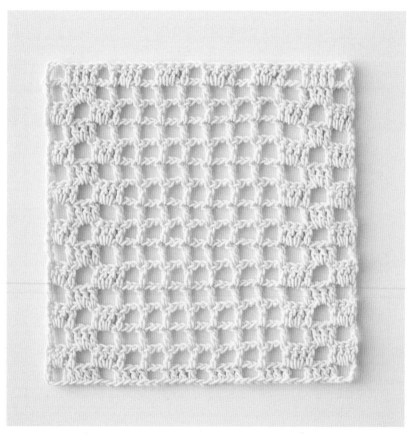

方眼编

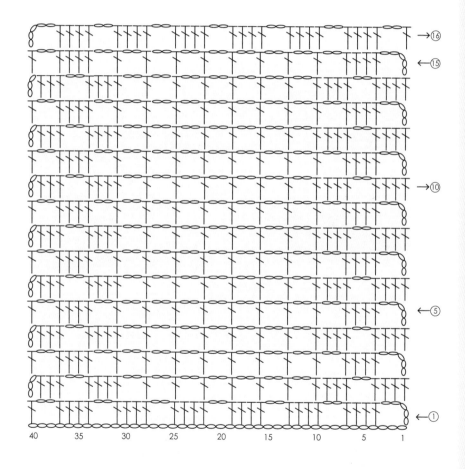

如何钩织网眼编

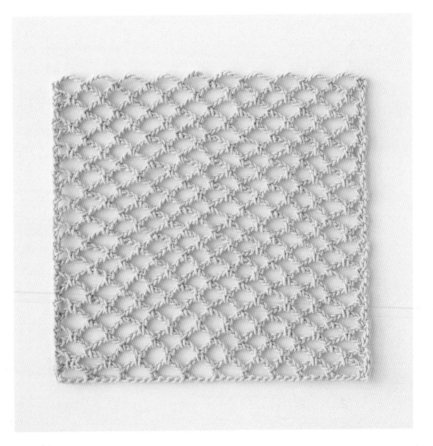

网眼编

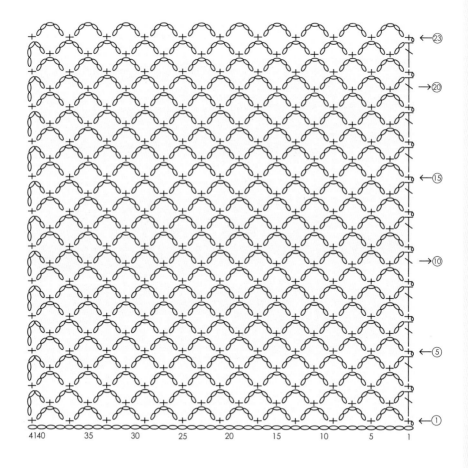

如何钩织枣形针织片

枣形针织片

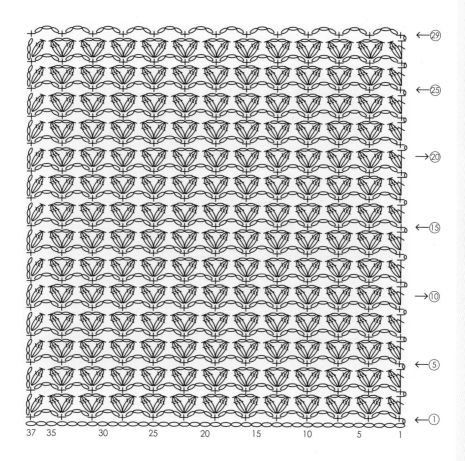

←㉙
←㉕
→⑳
←⑮
→⑩
←⑤
←①

37 35 30 25 20 15 10 5 1

如何钩织爆米花针织片

爆米花针织片

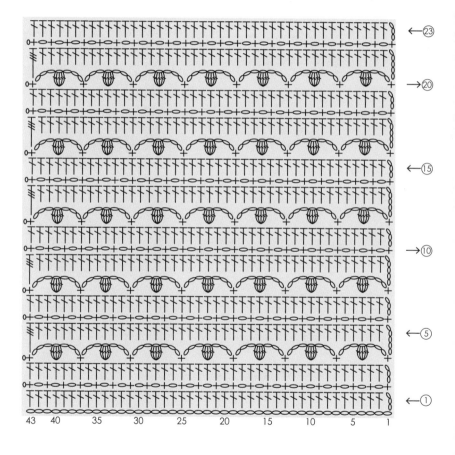

如何钩织祖母方块织片

祖母方块织片

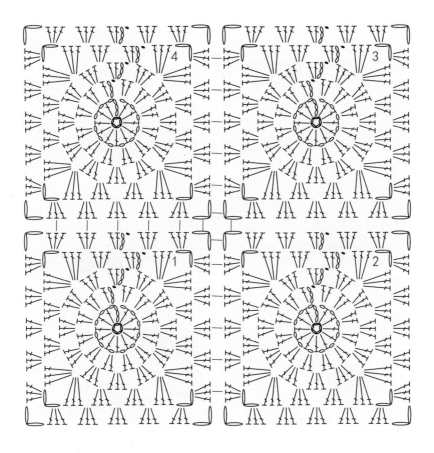

生活中的编织新技艺

"60岁开始读"科普教育丛书

应用作品

如何钩织杯垫

材　料

LIFEYARN·根　砂砾色 30 克，绯红色 20 克，青藤色 10 克

工　具

2/0 号钩针

成品尺寸

大号杯垫（茶壶垫）　11.5 cm × 11.5 cm

小号杯垫（杯垫）　8 cm × 8 cm

编织要点

1. 大号杯垫钩织 35 针 40 行短针。

2. 小号杯垫钩织 25 针 30 行短针。

3. 主体结束后进行边缘钩织，在杯垫一角钩织 14 针锁针作为挂绳。

4. 最后在挂绳相对一侧缝上花朵点缀。花的做法参见第 174 面。

设计／制作：张 群

大号杯垫

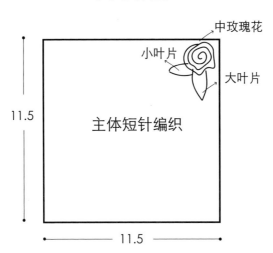

中玫瑰花

小叶片

大叶片

主体短针编织

11.5

11.5

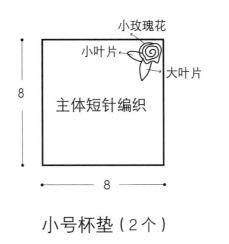

小玫瑰花

小叶片

大叶片

主体短针编织

8

8

小号杯垫（2个）

大号杯垫

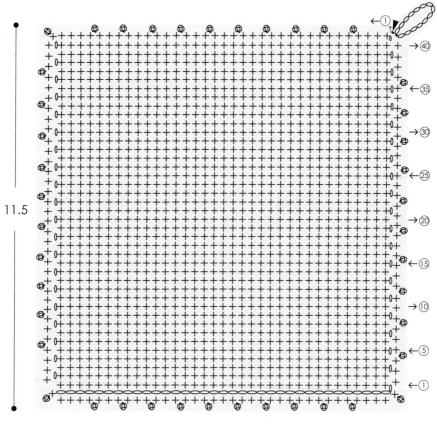

11.5

11.5

中玫瑰花（大号杯垫）

※ 限于版面，书中部分符号略小，读者可使用放大镜查看，也可使用
手机拍照后放大查看。

大号杯垫

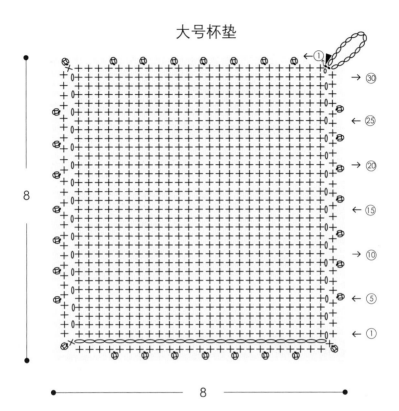

小玫瑰花（小号杯垫）

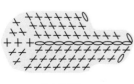

小叶子

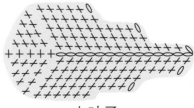

大叶子

如何钩织粽子挂件

材 料

LIFEYARN · 流彩

  森林绿 20 克，深薄荷 10 克，

  浅水绿 50 克，薰衣草 2 克

LIFEYARN · 根　青藤色 10 克

流苏 2 个，6 mm 米珠 1 颗

工 具

4/0 号钩针

成品尺寸

大粽子　6 cm×6.5 cm

小粽子　4 cm×5 cm

编织要点

1. 预留 25 cm 左右的线，用于底部卷针缝合。

2. 锁针起针，大粽子起针 40 针，第 40 针与第 1 针锁针引拔成环，
   圈钩。第 1 圈钩短针，从第 2 圈开始钩短针的棱针（筋编），
   并按照图示钩织 20 行。小粽子钩织方法相同，起针 30 针，钩
   织 15 行。

3. 当钩织完成粽子主体部分后，按图示用引拔的方式对粽子主体
   的一侧作接合。接合结束后不断线，继续钩织 50 针锁针作为挂
   绳，最后留出 10 cm 左右的线，用于缝合挂绳，断线。

4. 粽子主体的另一侧根据粽子的形状对角缝合，一边作卷针缝合，
   一边塞入填充棉。

5. 按图示在指定位置装上流苏，也可以花朵、蝴蝶结等作为装饰。

设计／制作：顾　敏

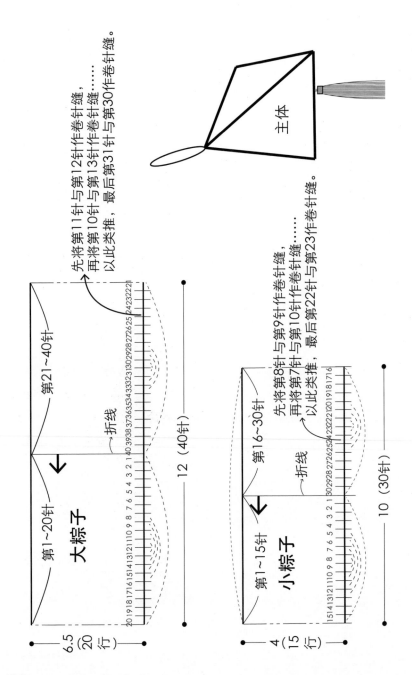

主体

先将第11针与第12针作卷针缝，
再将第第10针与第13针作卷针缝，……
以此类推，最后第31针与第30作卷针缝。

第21～40针

第1～20针

大粽子

折线

40 39 38 37 36 35 34 33 32 31 30 29 28 27 26 25 | 24 23 22 21

20 19 18 17 16 15 14 13 12 11 10 9 8 7 6 5 4 3 2 1

12（40针）

6.5（20行）

先将第8针与第9针作卷针缝，
再将第7针与第10针作卷针缝，……
以此类推，最后第22针与第23针针缝。

第16～30针

第1～15针

小粽子

折线

30 29 28 27 26 25 24 23 22 21 20 19 18 | 17 16

15 14 13 12 11 10 9 8 7 6 5 4 3 2 1

10（30针）

4（15行）

大粽子

50针锁针

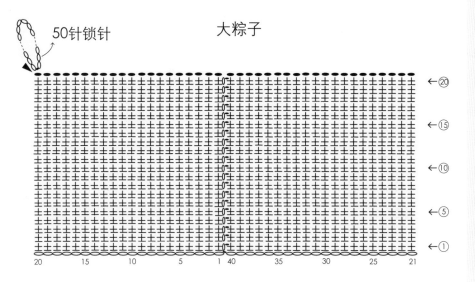

← ⑳
← ⑮
← ⑩
← ⑤
← ①

20　15　10　5　1　40　35　30　25　21

士=短针的棱针（粽子用筋编编织）

小粽子

50针锁针

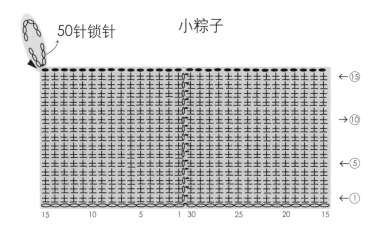

← ⑮
→ ⑩
← ⑤
← ①

15　10　5　1　30　25　20　15

如何钩织古典装饰领

材　料

奥林巴斯　812（米色）70 克

3 mm 透明色米珠 125 颗，8 mm 白色珠扣 1 颗

工　具

2/0 号钩针

成品尺寸

内圈 56 cm，外圈 122 cm，宽度 8.5 cm

编织要点

1. 按图示进行装饰领的主体
   钩织。

2. 领口处按图示挑针钩织边
   缘花样，并在右侧钩织锁
   针作为扣眼。

3. 领子下方按图示挑钩花边，
   同时在指定的位置钩上
   米珠。

4. 缝上白色珠扣。

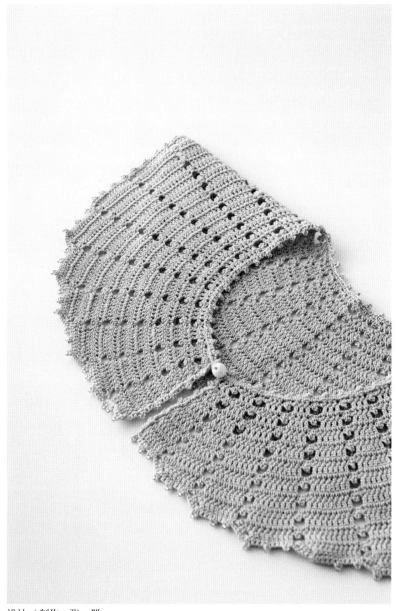

设计／制作：张　群

古典装饰领

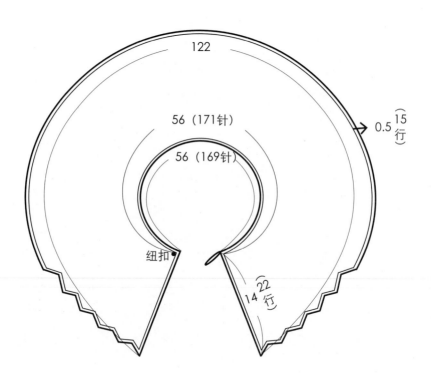

122

56 (171针)

56 (169针)

0.5 $\overset{\frown}{(15行)}$

纽扣

$14\overset{\frown}{(22行)}$

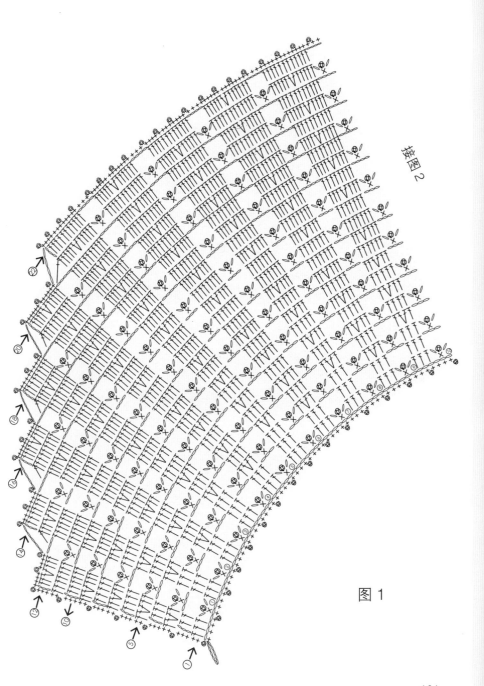

接图2

图1

接图3

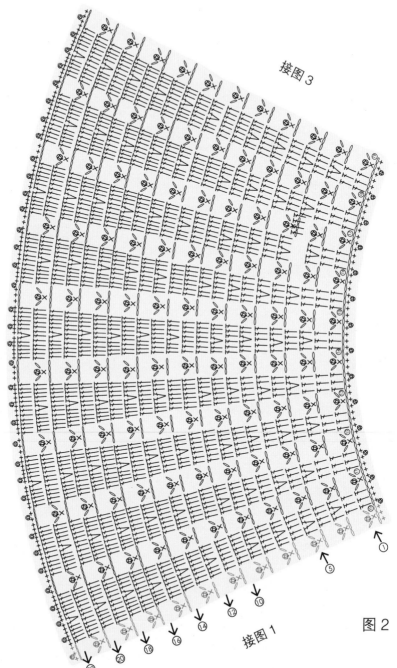

图2

接图1

① ⑤ ⑩ ⑫ ⑭ ⑯ ⑱ ⑳ ㉒

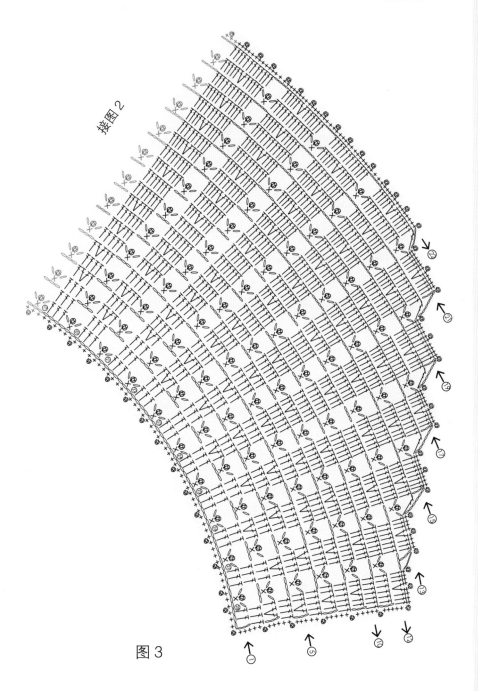

接图2

图3

如何钩织菠萝花护腕

材　料

LIFEYARN・根　砂砾色 40 克

3 mm 茶色米珠 40 颗，5 mm 珍珠纽扣 6 颗

工　具

2/0 号钩针

成品尺寸

19 cm×9 cm

编织要点

1. 钩织 81 针锁针。

2. 按图示完成主体和边缘花样
   钩织，上边缘花样中每个狗
   牙中各加入茶色米珠 1 颗。

3. 按图示完成左右边缘花样钩
   织，左右边缘各在左侧及右
   侧指定的位置做环扣钩织。

4. 按图示在指定的位置缝珍珠
   纽扣。

设计／制作：张　群

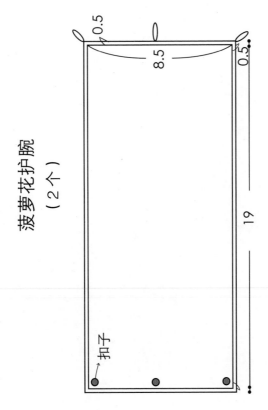

菠萝花护腕
（2 个）

0.5

8.5

0.5

19

扣子

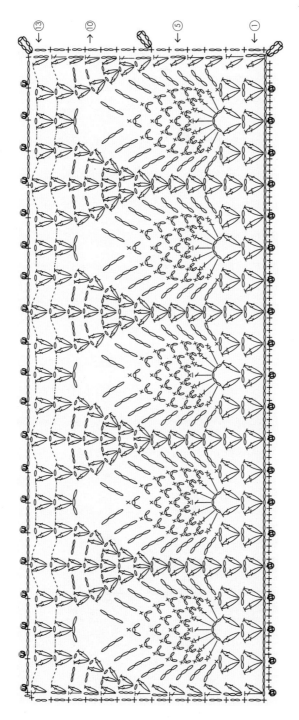

⑬ ⑩ ⑤ ①

●=3mm茶色米珠

如何钩织菠萝花发带

材　料

LIFEYARN · 根　翠绿色 20 克

橡皮筋 1 根

工　具

2/0 号钩针

成品尺寸

41 cm × 5.5 cm

编织要点

1. 按图示钩织发带。

2. 完成后，发带两端放入皮筋，按图示作卷针缝合。

设计／制作：张　群

菠萝花发带

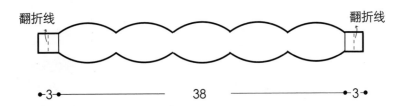

翻折线   翻折线

●3● ————— 38 ————— ●3●

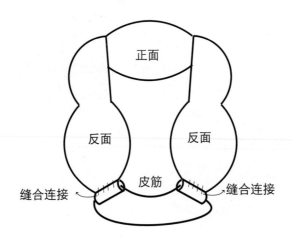

正面

反面   反面

缝合连接   皮筋   缝合连接

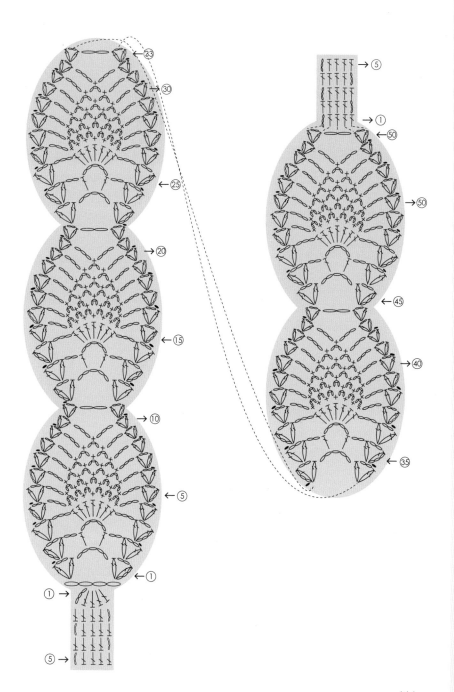

如何钩织星星手机袋

材　料

LIFEYARN·根　翠绿色 15 克，晨雾色 25 克

扣子 1 个，皮带 1 根

工　具

3/0 号钩针，5/0 号钩针

成品尺寸

15 cm × 11 cm

编织要点

1. 起针用 5/0 号钩针钩 38 针，换 3/0 号钩主体。

2. 从后片的底部开始钩织，一直到前片的顶部结束。

3. 对折后两侧边作卷针缝合。

4. 钩织包盖，然后和后袋口作卷针缝合。

5. 钉上扣子，装上包带。

设计／制作：黄　磊

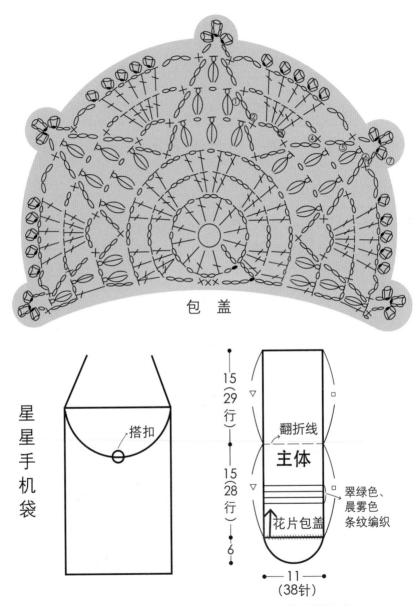

包 盖

星星手机袋

搭扣

15
(29
行
)

翻折线

主体

15
(28
行
)

翠绿色、
晨雾色
条纹编织

6

花片包盖

— 11 —
(38针)

※ 主体反面相对,在正面将▽与▽,□与□作卷针缝合。
　 花片包盖与主体也在正面作卷针缝合。

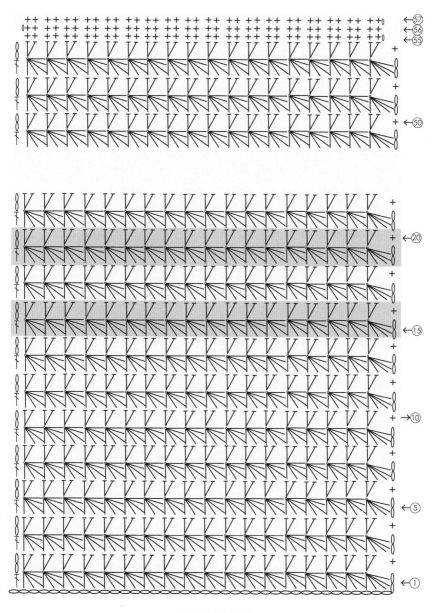

手机袋主体

如何钩织可背式杯套

材　料

LIFEYARN·流彩　深薄荷 30 克，牡蛎色 15 克

工　具

4/0 号钩针，5/0 号钩针

成品尺寸

15 cm × 11 cm

编织要点

1. 深薄荷色线环形起针钩杯底，然后圈钩主体花样和短针。

2. 继续用牡蛎色线在杯口的内侧钩边（翻下来是正面）。

3. 背带用 5/0 号钩针和深薄
荷色线钩锁针，换牡蛎色
线引拔回去，完成后，将
背带的两端用卷针缝分别
固定在杯套内部两侧。

设计／制作：黄　磊

可背式杯套

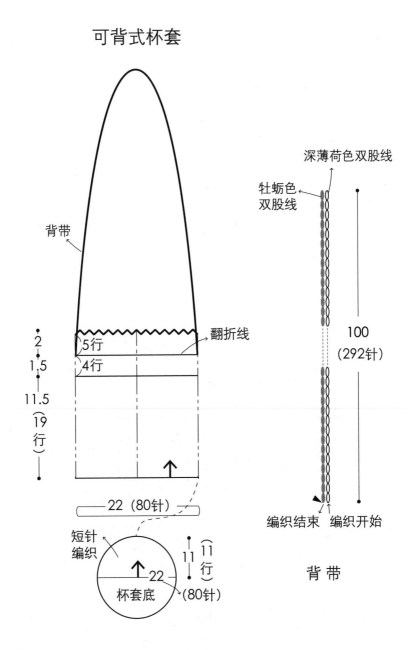

背带

背带

深薄荷色双股线

牡蛎色
双股线

100
（292针）

编织结束　编织开始

翻折线

5行
4行

2
1.5
11.5
（19行）

22（80针）

短针编织

11
（11行）

22
杯套底
（80针）

杯套底

杯身

翻折线

※ 深色为深薄荷色线，浅色为壮蛎色线，10 针 6 行一个花样。

如何钩织手拎杯套

材　料

LIFEYARN·流彩　琥珀黄 20 克，银灰 15 克

工　具

4/0 号钩针

成品尺寸

12 cm × 11 cm

编织要点

1. 琥珀黄色线环形起针钩杯底，然后圈钩杯身，在两组花型后钩
   4 圈短针结束（杯身高度可根据需要自行调整）。

2. 继续用银灰色线在杯口的内侧钩边（翻下来是正面）。

3. 拎带用卷针缝固定在杯套内部两侧。

设计／制作：黄 磊

手拎杯套

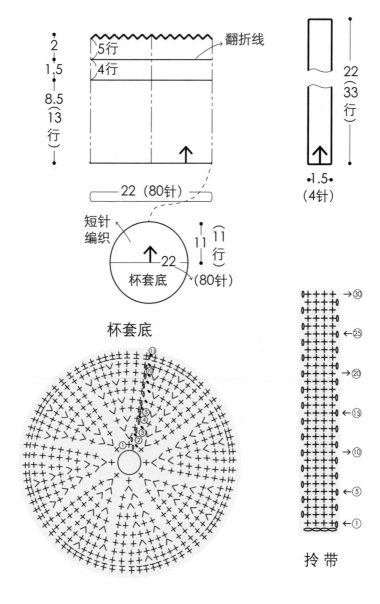

翻折线

5行
4行

2
1.5
8.5
(13行)

22（80针）

短针
编织

22
杯套底

11
(11行)

(80针)

22
(33行)

1.5
(4针)

杯套底

→30
←25
→20
←15
←10
←5
←①

拎 带

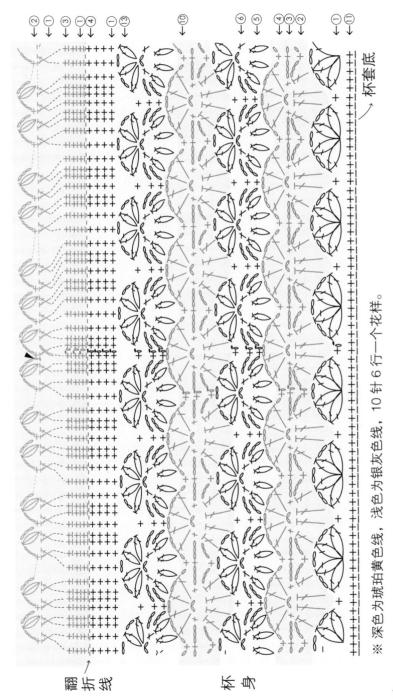

杯套底

杯身

翻折线

※ 深色为琥珀黄色线，浅色为银灰色线，10针6行一个花样。

如何钩织年年有余挂件

材　料

LIFEYARN·根　青藤色 15 克，绯红色 15 克

绯红色、绿色流苏各 1 个

工　具

2/0 号钩针

成品尺寸

21 cm × 7 cm

编织要点

1. 完成 1 个花片后，断线。按
   图示接新线继续钩织第 2 个
   花片。

2. 鱼头处锁针钩挂环，钩织完
   成后在鱼尾底部装上流苏。

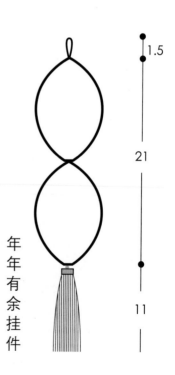

年年有余挂件

设计／制作：曹　莉

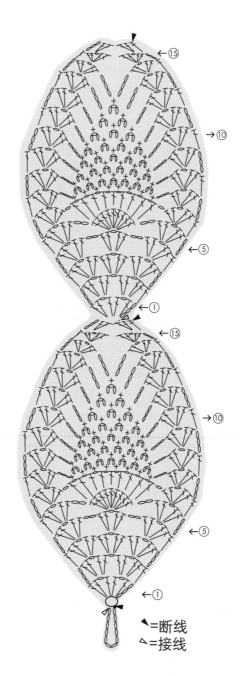

年
年
有
余
挂
件

▲=断线
△=接线

方形花片香囊

方形花片
（2个）

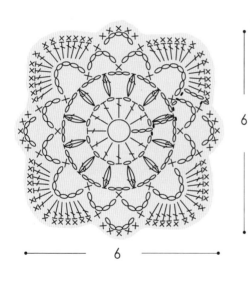

6

6

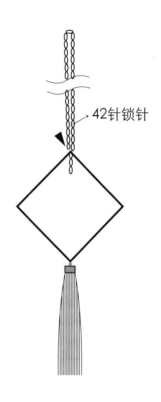

42针锁针

※ 花片背面相对作卷针缝合。若要装
入香料，先留一侧口子，装入后再
缝合。

如何钩织方形花片香囊

材　料

LIFEYARN·根　樱粉色 10 克，绯红色 10 克

粉色、红色流苏各 1 个

工　具

2/0 号钩针

成品尺寸

6 cm×6 cm

编织要点

1. 钩织花片 2 个。

2. 正面卷针缝合花片。

3. 在花片一角钩织 45 针
   锁针作为挂环。

4. 装上流苏。

设计／制作：张　群

如何钩织帽子

材　料

LANG YARNS・LOVE

　0067　40克，　0019　5克，

　0011　10克

胸针扣3枚，扣子1枚

工　具

8/0 号钩针

成品尺寸

帽深 18.5 cm，头围 46 cm

编织要点

1. 用咖啡色线起针，钩织 14 行花样，换粉色线钩 1 行，再换黄色线钩 4 行，继续换咖啡色线钩 1 行短针，完成帽子编织。

2. 钩花朵，用胸针扣固定，然后别在帽子上。

帽　子

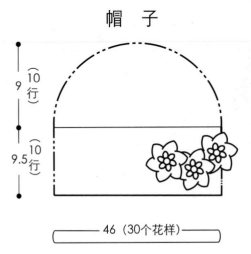

9（10行）

9.5（10行）

46（30个花样）

装饰花朵（3枚）

※1 枚粉色花，1 枚黄色花，
1 枚花蕊黄色、外圈咖啡色。

设计／制作：黄　磊

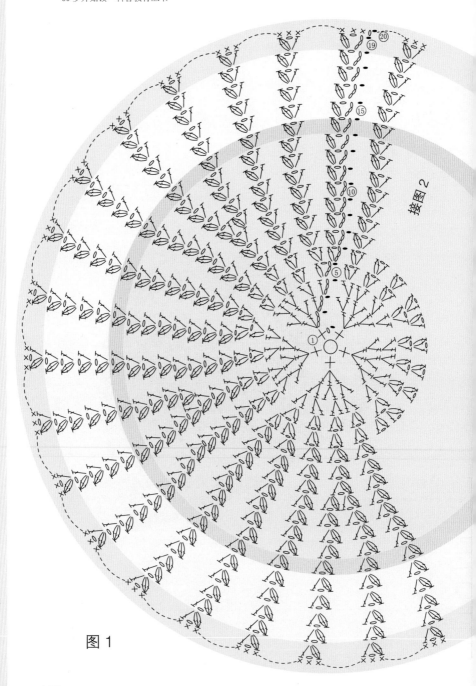

图1

接图2

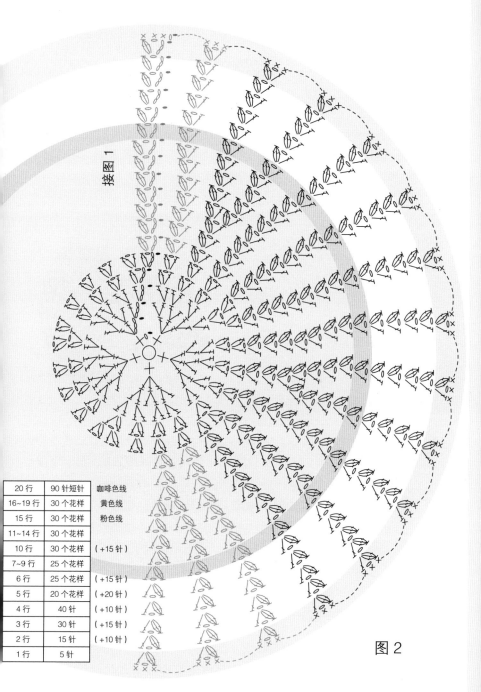

接图 1

20 行	90 针短针	咖啡色线
16~19 行	30 个花样	黄色线
15 行	30 个花样	粉色线
11~14 行	30 个花样	
10 行	30 个花样	（+15 针）
7~9 行	25 个花样	
6 行	25 个花样	（+15 针）
5 行	20 个花样	（+20 针）
4 行	40 针	（+10 针）
3 行	30 针	（+15 针）
2 行	15 针	（+10 针）
1 行	5 针	

图 2

如何钩织围巾

材　料

LANG YARNS·LOVE

　　0067　40 克，

　　0019　5 克，

　　0011　10 克

工　具

8/0 号钩针

成品尺寸

84 cm × 15 cm

编织要点

1. 用咖啡色线起针后，换黄色线钩织 3 行，再换粉色线钩织 1 行，
   继续换咖啡色线钩织 8 行，然后完成围巾的边缘编织。

2. 在起针处的两端各钩两条系带，用引拔针固定在围巾上。

设计／制作：黄　磊

围 巾

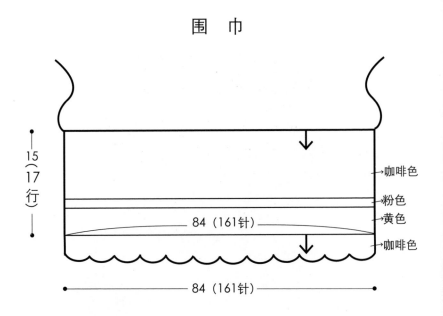

15（17行）

84（161针）

→咖啡色
→粉色
→黄色
→咖啡色

84（161针）

系带（2 根）

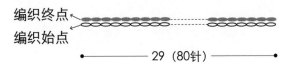

编织终点
编织始点

29（80针）

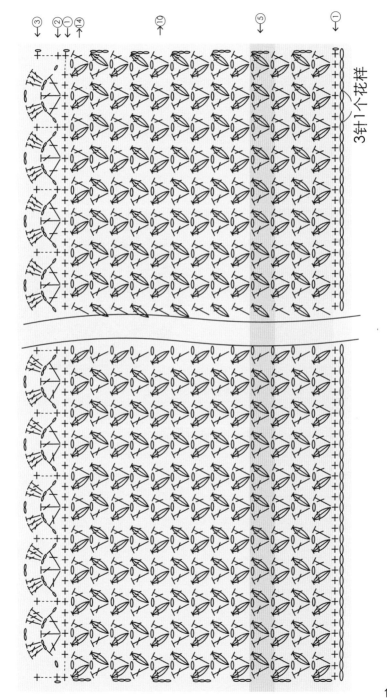

3针1个花样

如何钩织爆米花水桶包

材　料

SMC 竹棉　01044　250 克

工　具

6/0 号钩针

成品尺寸

高 26.5 cm，底部直径 17 cm

编织要点

1. 环形起针，包底部环形钩织短针。

2. 继续钩织短针和按照编织花样钩织包的主体。

3. 包口收边用 1 针短针和 1 针锁针间隔钩织。

4. 用锁针钩织抽绳。

5. 肩带用锁针起针，短针钩织，用同样方法钩织装饰扣。

6. 在主体上缝上肩带。

7. 在包边间隔 8 针穿入抽绳，固定装饰扣，绳子顶端打结。

设计：邓歆红　制作：邓歆红　顾　敏

爆米花水桶包

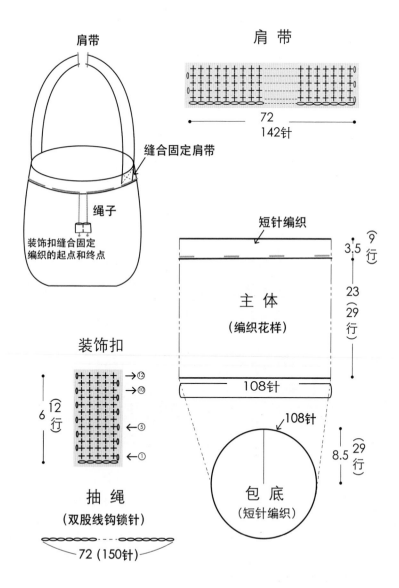

肩带

肩 带

缝合固定肩带

绳子

装饰扣缝合固定
编织的起点和终点

短针编织

72
142针

主 体
（编织花样）

3.5 ⑨行

23 （29行）

108针

装饰扣

6 ⑫行
→⑫
→⑩
←⑤
←①

108针

包 底
（短针编织）

8.5 （29行）

抽 绳
（双股线钩锁针）

72 (150针)

水桶包主体

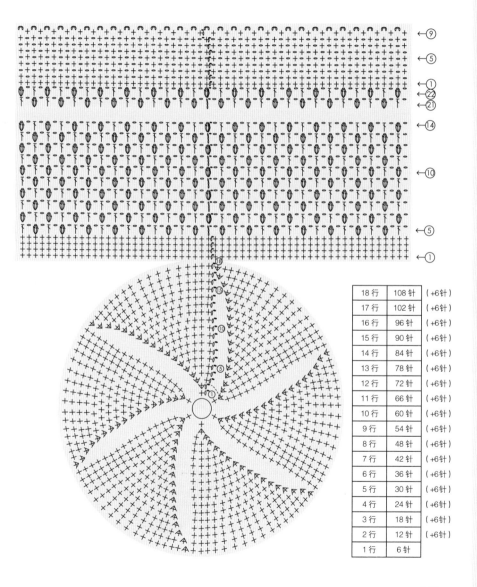

18 行	108 针	（+6针）
17 行	102 针	（+6针）
16 行	96 针	（+6针）
15 行	90 针	（+6针）
14 行	84 针	（+6针）
13 行	78 针	（+6针）
12 行	72 针	（+6针）
11 行	66 针	（+6针）
10 行	60 针	（+6针）
9 行	54 针	（+6针）
8 行	48 针	（+6针）
7 行	42 针	（+6针）
6 行	36 针	（+6针）
5 行	30 针	（+6针）
4 行	24 针	（+6针）
3 行	18 针	（+6针）
2 行	12 针	（+6针）
1 行	6 针	

如何钩织立体花口金包

材　料

LIFEYARN·流彩　海蓝色 20 克，牡蛎色 10 克

口金 1 个

工　具

3/0 号钩针

成品尺寸

12 cm × 12 cm

编织要点

1. 钩织立体花其他部分。

2. 钩织后片同时按图示针数留出口金缝合位置。

3. 前后片对齐，用卷针缝合。

4. 在指定的位置缝上口金。

设计／制作：张　群

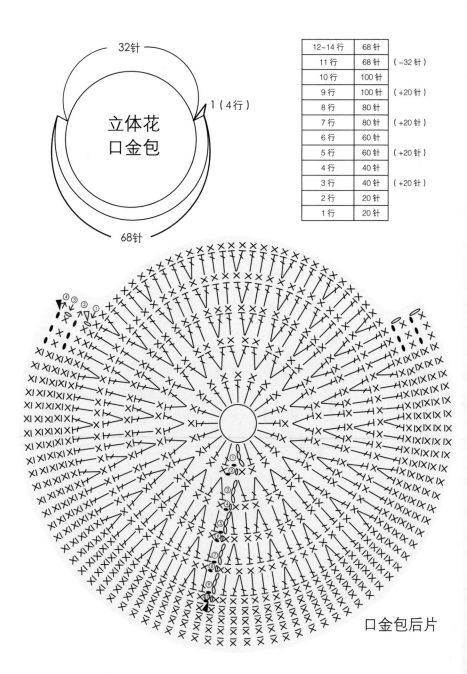

12~14 行	68 针	
11 行	68 针	(–32 针)
10 行	100 针	
9 行	100 针	(+20 针)
8 行	80 针	
7 行	80 针	(+20 针)
6 行	60 针	
5 行	60 针	(+20 针)
4 行	40 针	
3 行	40 针	(+20 针)
2 行	20 针	
1 行	20 针	

32针

1（4行）

立体花
口金包

68针

口金包后片

口金包前片

如何钩织花形香包

材　料

LIFEYARN·根

　櫻粉色 15 克，粉绿色 15 克

绿色、粉色流苏各 1 个

工　具

2/0 号钩针

成品尺寸

6 cm × 6 cm

编织要点

1. 用櫻粉色、粉绿色线分别钩织 2 个花片。

2. 钩织完成后将同色花片作卷针缝合，缝合小部分后装入香包，
　 继续完成缝合。

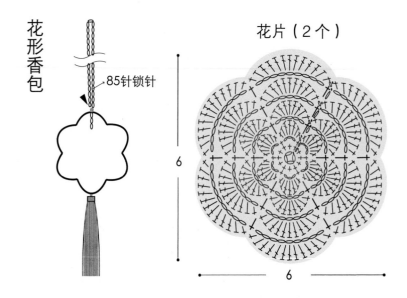

花形香包

85针锁针

花片（2个）

6

6

设计／制作：张　群

如何钩织马卡龙月饼

材　料

LIFEYARN · 流彩
　　琥珀黄 20 克，
　　粉绿色 20 克

工　具

3/0 号钩针

成品尺寸

7.5 cm × 7.5 cm

编织要点

1. 先钩织月饼后片，再钩织月饼前片。

2. 在前片挑针钩中间部分。

3. 前后片作卷针缝合，同时塞入填充棉。

4. 表层按图示钩织到最后一行与前片引拔组合。

提示　还可以做成各种挂件哦。

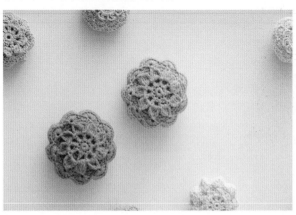

设计／制作：黄 磊

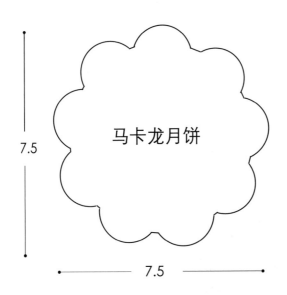

马卡龙月饼

7.5

7.5

前片面层

※ 浅色为前片基
  层，黑色为第
  3 层花瓣尖，
  与基层作引拔
  （黑色点为引
  拔点）。

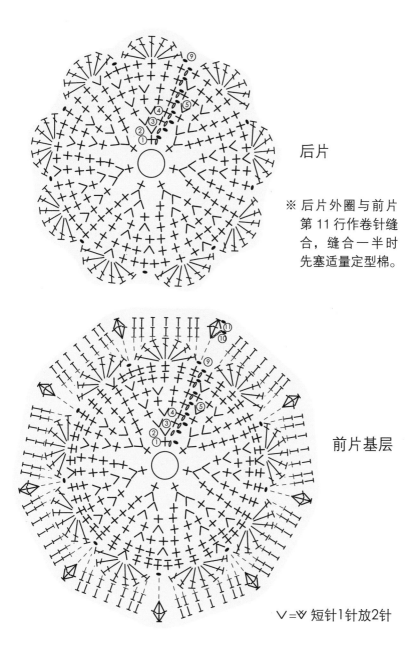

后片

※ 后片外圈与前片
　第 11 行作卷针缝
　合，缝合一半时
　先塞适量定型棉。

前片基层

∨=ᐺ 短针1针放2针

如何钩织祖母方块眼镜袋

材 料

LIFEYARN·流彩　琥珀黄30克，
　深薄荷5克，牡蛎色5克
白色珠扣1颗

工 具

3/0号钩针

成品尺寸

18 cm×9 cm

编织要点

1. 按图纸配色花样钩织5个祖母方块花片。

2. 花片之间使用卷针缝合。

3. 按图示挑取规定针目，完成边缘编织。

设计／制作：张　群

祖母方块眼镜袋

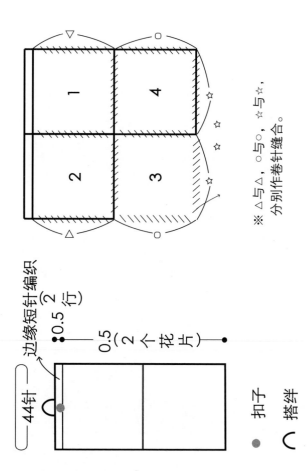

44针

边缘短针编织（2行）

0.5

0.5（2个花片）

※△与△，○与○，☆与☆，分别作卷针缝合。

● 扣子

∩ 搭袢

眼镜袋花片（4个）

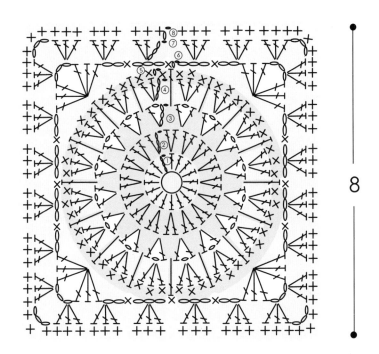

8

14针
锁针

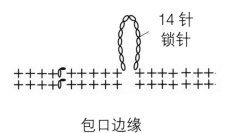

包口边缘

如何钩织祖母方块束口袋

材　料

LIFEYARN·流彩　琥珀黄 30 克，深薄荷 10 克，牡蛎色 10 克

工　具

3/0 号钩针

成品尺寸

15 cm × 15 cm

编织要点

1. 按图示配色钩织 5 个祖母方块花片。

2. 按图示使用卷针缝，将 5 个花片连接。

3. 挑取规定针目，完成边缘编织。

4. 钩织束口系带 2 条。

5. 按图示指定点，穿入系带。

6. 钩织装饰小球。

7. 束口系带两侧缝上装饰小球。

设计／制作：张 群

祖母方块束口袋

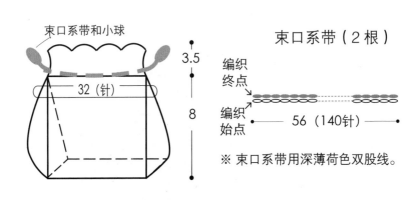

束口系带和小球

3.5

32（针）

8

束口系带（2根）

编织
终点

编织
始点

56（140针）

※ 束口系带用深薄荷色双股线。

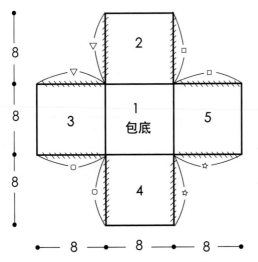

8

8

8

8

8

8

2

3

1
包底

5

4

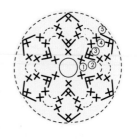

束口系带小球（2根）

※ △与△，○与○，□与□，☆与☆，分别
用挑半针的卷针缝合方法缝合。

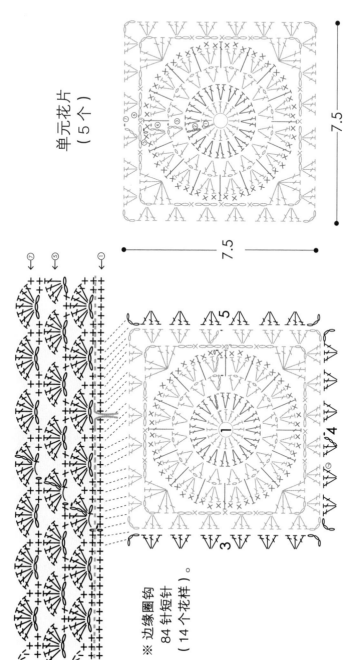

单元花片
（5个）

7.5

7.5

束口袋边缘

※ 边缘圈钩
84针短针
（14个花样）。

如何钩织创意中国结

花片的设计灵感来自中国的窗花图案。主体由 4 个小花片组合，钩编连接组成了新的图案，可以缀上珠子和流苏做成中国结的造型。喜气的正红色特别适合这个寓意吉祥的图案。

材　料

LIFEYARN·根　绯红色 15 克

大红流苏 1 个

工　具

2/0 号钩针

成品尺寸

11 cm × 11 cm

编织要点

1. 钩完 4 个花片待用。

2. 将花片按图示相连接。

3. 在菱形底部装上流苏。

设计／制作：曹　莉

创意中国结

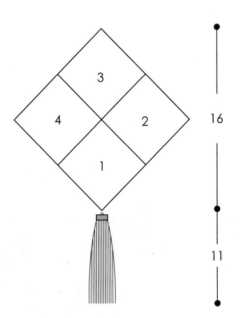

単元花片（4个）

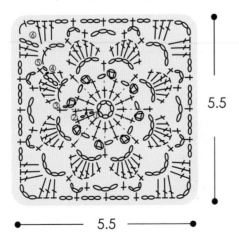

花片与花片的连接

花片 1

完成第 1 个花片,藏好线头。

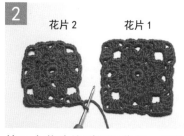

花片 2   花片 1

第 2 个花片钩到图示位置,需要
与花片 1 作拼接。

2 个花片的连接方法

先钩 1 针锁针。

拼接时,左手拿着花片 2,右手
拿着花片 1。

把钩针从上方穿过右手花片的拼接处。

钩织1针引拔针，调整针目与锁针到相同大小。

继续钩1针锁针，完成这处拼接。

按图纸继续完成其他部分的拼接。

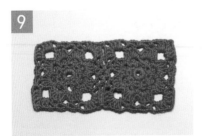

完成第2个花片，断线，藏好线头。

第3个花片按相同的方法钩织，先与第2个花片作拼接。

3 个花片的连接方法

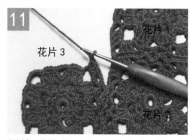

拼接到花片 1 和 2 的交点时，先钩 1 针锁针。

钩针从花片 1 和 2 的交点插入。

钩1针引拔，完成这处拼接。

再钩1针锁针。

继续按图示完成花片3的钩织，
断线，藏好线头。

第4个花片钩织到最后一圈时，
按图示与花片3作拼接。

拼接到花片1、2、3的交点时，
先钩1针锁针。

钩针还是从花片1和2的交点
插入。

4 个花片的连接方法

按图纸完成第 4 个花片，断线藏
好线头。

把花片放置成菱形状态，把流苏
挂到下方，这就是完成的中国结。

如何钩织玫瑰花束

材　料
回归线
　大红色 50 克，绿色 50 克

工　具
3/0 号钩针，2/0 号钩针
花径绿铁丝 2 号若干
绿胶带 1 卷
细铁丝 26 号若干
尖口钳 1 把，缝针 1 根

成品尺寸
花冠尺寸：小玫瑰 3 cm，中玫瑰 5 cm，大玫瑰 6 cm
花束长度可根据需求自行调节

编织要点
1. 用大红色线按图示要求钩织大、中、小玫瑰花瓣若干，用绿色线按图示要求钩织大、中、小玫瑰花托。
2. 将编织好的花瓣卷曲缝合，在花心部分安装花径绿铁丝。
3. 用绿色线按图示要求钩织叶子，一枚花朵搭配两片叶子，大小叶片随意组合，编织叶片时将细铁丝穿入其中进行塑形。
4. 用绿胶带将叶子和整个花杆包裹住。

设计／制作：曹 莉

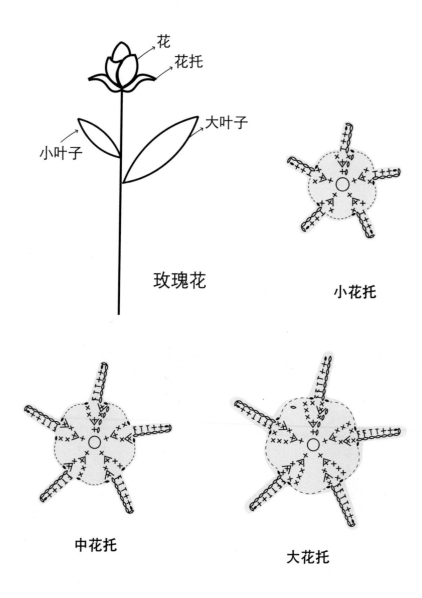

花

花托

大叶子

小叶子

玫瑰花

小花托

中花托

大花托

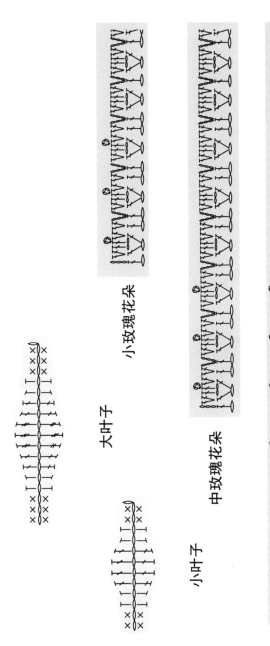

大叶子

小叶子

小玫瑰花朵

中玫瑰花朵

大玫瑰花朵

叶子的钩织方法

先钩12针锁针(以小叶子为例)。再钩1针锁针起立针,把铁丝放在线的后面。

钩针穿过倒数第2个针目的外侧半针和里山,并从铁丝下方穿过,钩针挂线。

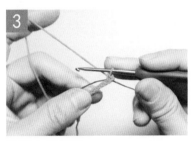

钩织1针短针。

继续钩织1针短针、2针中长针、4针长针、2针中长针、2针短针,完成半个叶片。

藏好线头,弯折铁丝。

包住铁丝,继续钩织余下半片叶子。将首尾引拔连接。

留 5~6 cm，剪断线头。

扭紧铁丝，叶子的钩织完成。

组装需要准备的工具

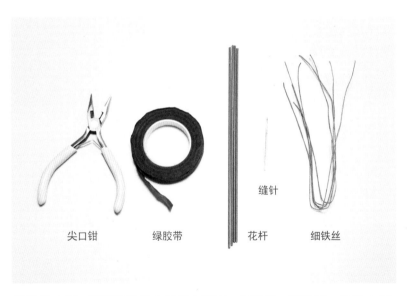

尖口钳　　　　绿胶带　　　　缝针　　花杆　　细铁丝

尖口钳 1 把，花径绿铁丝（花杆）若干，细铁丝，绿胶带，缝针 1 根。

玫瑰花束组装步骤

这是完成的玫瑰花瓣、花托、叶子，预留 15~20 cm 长的线头。

将编织好的玫瑰花瓣从一头卷曲至另一头。

将卷好的玫瑰花整理成型。

用预留的线将花瓣底部缝合。

取一根花杆，穿过花朵，用尖口钳将上端夹成小弯钩。

小弯钩藏于花心中，整理固定。

花托从花杆底部穿入。

托住花朵并缝合于花朵底部，整理固定。

取一片叶子，将叶子的铁丝缠绕在花杆上。

另一片叶子也作同样操作。

取绿胶带从花托底部开始缠绕，包裹住细铁丝。

绿胶带包裹住整根花杆。最后整理整朵花的形状和叶子的形状，完成玫瑰花的组装。

图书在版编目(CIP)数据

生活中的编织新技艺/上海科普教育促进中心组编;顾嬿婕编著.—上海:复旦大学出版社:上海科学技术出版社,2022.11
("60岁开始读"科普教育丛书)
本书与"上海教育出版社"、"上海交通大学出版社"合作出版
ISBN 978-7-309-16605-7

Ⅰ.①生… Ⅱ.①上…②顾… Ⅲ.①手工编织-图解 Ⅳ.①TS935.5-64

中国版本图书馆 CIP 数据核字(2022)第 204665 号

生活中的编织新技艺
("60岁开始读"科普教育丛书)
上海科普教育促进中心 组编
顾嬿婕 编著
责任编辑/李小敏

复旦大学出版社有限公司出版发行
上海市国权路 579 号 邮编:200433
网址:fupnet@ fudanpress. com http://www.fudanpress.com
门市零售:86-21-65102580 团体订购:86-21-65104505
出版部电话:86-21-65642845
上海盛通时代印刷有限公司

开本 890×1240 1/32 印张 6 字数 101 千
2022 年 11 月第 1 版
2022 年 11 月第 1 版第 1 次印刷
印数 1—11 000

ISBN 978-7-309-16605-7/T·728
定价:20.00 元